Der CEO-Navigator

Jan Hiesserich

Der CEO-Navigator

Rollenbestimmung und -kommunikation
für Topmanager

Campus Verlag
Frankfurt/New York

ISBN 978-3-593-39820-4

Copyright © 2013 Campus Verlag GmbH, Frankfurt/Main
Umschlaggestaltung: Anne Strasser, Hamburg
Satz: Fotosatz L. Huhn, Linsengericht
Gesetzt aus der Sabon und der Neuen Helvetica
Druck und Bindung: Beltz Bad Langensalza
Printed in Germany

Dieses Buch ist auch als E-Book erschienen.
www.campus.de

Inhalt

Vorwort

Es ist eigentlich sehr erstaunlich, dass es noch Menschen gibt, die freiwillig den Vorsitz eines Vorstands oder einer Geschäftsführung eines börsennotierten oder privaten, marktbedeutenden Unternehmens anstreben, also das werden möchten, was heute auch im deutschsprachigen Raum gemeinhin als Chief Executive Officer (CEO) bezeichnet wird. Nun kann ich niemandem, der eine solche Verantwortung übernehmen will, unterstellen, er oder sie sei naiv und erkenne nicht vor Dienstantritt die Komplexität der Aufgabe, die öffentliche Rolle, die mit dieser Funktion verbunden ist, die Interessenkonflikte zwischen den zahlreichen Anspruchsgruppen, die es zu moderieren gilt, oder gar die mediale Schmach im Falle des Scheiterns.

Über die Motive derjenigen Eliten, die dennoch den Mut aufbringen, diese insbesondere im vergangenen Jahrzehnt immer stärker in die Öffentlichkeit gerückte Rolle zu übernehmen, will ich nicht spekulieren. Im besten Fall sind es Unternehmertum, Verantwortungsbereitschaft und Gestaltungswille.

Unabhängig davon, ob der neue CEO als Retter, Innovator, Bewahrer des Erfolgs oder gradliniger Vertreter veränderter Gesellschafterinteressen berufen wird – er oder sie muss heute vor allem die gesellschaftspolitischen Konsequenzen des zu führenden Unternehmens im Auge behalten. Der CEO ist also Stratege, Entscheider, Politiker, Moderator von Partikularinteressen, öffentlicher Darsteller des Unternehmens, Motivator und noch vieles mehr. Wie sollen sich diese Qualitäten auf eine einzelne Person vereinigen? Wer ist der bessere Kandidat: der Unternehmenslenker als Zehnkämpfer, der alle Disziplinen sehr ordentlich beherrscht, aber in keiner wirklich Weltklasse zeigt, oder eher der hoch qualifizierte Spezialist, der den Kern des Unternehmens versteht und gestaltet und andere Leistungsbereiche mithilfe vom Spezialisten abdeckt?

Wie immer die Antwort lautet, abhängig vom Diversifizierungs- oder Spezialisierungsgrad des jeweiligen Unternehmens und seiner Märkte: Es ist klar, dass der CEO seine Rolle als Kommunikator eindeutig definieren und einen Abgleich mit der Strategie des Unternehmens fahren muss. Sonst droht das frühe Scheitern. Der Strategie-Fit des CEOs sorgt für höheren Unternehmenserfolg, bessere Gesamtkapital- und Aktienrendite. Dies gelingt nur dann nachhaltig, wenn die Strategie nicht nur zum CEO passt (oder umgekehrt), sondern der CEO auch in der Lage ist, die Strategie gegenüber den wesentlichen Anspruchsgruppen des Unternehmens zu kommunizieren, damit Einverständnis über unternehmerische Ziele und Vorgehensweise erzielt wird.

Womit wir beim Thema dieses Buchs sind. Es geht um die öffentliche Wahrnehmung des CEOs, der mittlerweile nicht nur zum greif- und sichtbarsten Symbol des Unternehmens geworden ist – der CEO ist das Unternehmen! Eine Analyse der führenden Wirtschafts- und Finanzmedien in Deutschland aus den vergangenen Monaten bis einschließlich Oktober 2012 zeigt, dass der Trend zur Personalisierung der Medienberichterstattung über Unternehmen ungebrochen ist:

- Beispiel *Handelsblatt*: In über 60 Prozent der untersuchten Titelseiten stand der CEO im Mittelpunkt der Unternehmensberichterstattung.
- Beispiel DAX 30: In den ersten 100 Tagen nach Berufung eines neuen CEOs erschienen dreimal so viele Artikel wie vor der Berufung. Im Fall der Erstberufung zum CEO vervierfacht sich die Berichterstattung.
- Beispiel Vermittelbarkeit der Strategie: Die Tonalität der Berichterstattung über CEOs ist überwiegend negativ (61 Prozent Negativberichte)
- Beispiel gesellschaftliche Relevanz: Knapp ein Drittel der CEO-Artikel beschäftigt sich mit großen gesellschaftlichen Themen; CEOs müssen zunehmend gesellschaftspolitisch Position beziehen und über die Interessen des eigenen Unternehmens hinaus kommunikationsfähig sein.

Dass auch der Kapitalmarkt enorme Ansprüche an den CEO und seine Kommunikation entwickelt, versteht sich von selbst. Die öffentliche

Wahrnehmung hat unmittelbaren Einfluss auf die Bewertung des Unternehmens: Investitionsentscheidungen werden massiv durch das Bild beeinflusst, das Investoren vom CEO haben. Sein Profil in den Medien ist dabei von entscheidender Bedeutung. Die Bewegungen der Aktienkurse und Firmenbewertungen bei Berufung eines CEOs mit vermeintlich hohem Strategie-Fit oder bei Abberufung eines gescheiterten CEOs sind der klare Beweis.

Die zentrale Frage lautet: Gelingt es dem CEO, durch zielgruppengerechte Kommunikation Widerstände abzubauen, Handlungsspielräume zu eröffnen, die Stakeholder in ihren Interessen wahr- und ernst zu nehmen und für die Strategievermittlung die mediale Bühne zu nutzen?

In der Kommunikation gibt es keine einfachen Rezepte. Dafür ist die Komplexität von Unternehmen, Märkten und politischen Rahmenbedingungen zu hoch, das Veränderungstempo zu schnell und der Individualitätsgrad zu ausgeprägt. Das Reduzieren der Komplexität auf wenige Credo-gleiche Kernbotschaften widerspricht der Notwendigkeit, auf die berechtigten Individualinteressen von Anspruchsgruppen einzugehen. Wie kann ein CEO diesen vielfältigen Anforderungen in seinem Kommunikationsverhalten also gerecht werden?

Der CEO-Navigator ist eine Methodologie, die den CEO individuell auf seine neue Rolle vorbereitet, sein Rollenverständnis definiert und die Steuerung und Bewertung seiner Kommunikationsleistung übernimmt. Er bildet das Gerüst für die erfolgreiche kommunikative Definition und Vermittlung der Unternehmensstrategie und ist Orientierungshilfe. Er sorgt dafür, mit den Stärken und Schwächen des CEOs professionell umzugehen und zu vermeiden, dass der CEO an Freund und Feind vorbeikommuniziert und zur oft zitierten »unguided missile« wird.

Unser Kollege Jan Hiesserich hat mit dem CEO-Navigator für HERING SCHUPPENER ein überzeugendes und in der täglichen Praxis bereits erprobtes Arbeitsmodell entwickelt, mit dem der CEO sicherstellt, dass seine Kommunikation im steten Abgleich mit der Unternehmensstrategie und im bewussten Zusammenspiel mit der gesamten Unternehmenskommunikation die in sich stimmige Wahrnehmung des so bedeutsamen Strategie-Fit gewährleistet. Kurzum: Der CEO-Navigator ist ein unverzichtbares Instrument in der Multi-Channel-Medienrealität, die sich nicht zuletzt durch den ständig wachsenden Druck gesellschafts-politischer Stakeholder auszeichnet. Wer als CEO seine Verantwortung als Leitfigur und personifizierte Unternehmensmarke ernst nimmt, muss die Kommunikationsarbeit als wesentliche Funktion akzeptieren und professionell gestalten.

Der CEO-Navigator ist die Basis für Leadership – und um die geht es am Ende allen Stakeholdern. Sie wollen nur eines sehen: dass der CEO die Strategie vermittelt, umsetzt, den Unternehmenserfolg steigert und gleichzeitig der gesellschaftlichen Verantwortung des Unternehmens gerecht wird. Ohne professionelle Kommunikationssteuerung, ohne Führung durch Kommunikation, ist da jeder CEO chancenlos.

Düsseldorf, im Februar 2013   Ralf Hering

Einleitung

Im Januar 2012 veröffentlichte das *manager magazin* einen Artikel über den »Albtraum der Alphatiere«.[1] Nie zuvor sei das Leben auf der Chefetage so gefährlich gewesen wie heute, schrieb das Magazin. Die »explodierende Komplexität« und das zunehmende Tempo der Veränderung hätten die Mächtigen zu ohnmächtig Getriebenen gemacht. Die Angst vor dem Absturz werde zum ständigen Begleiter. Ähnlich argumentierte das *Handelsblatt*, das die Leitung deutscher Unternehmen wenige Wochen zuvor gar zu einem »fast unmöglichen Job« erklärte.[2] Doch keineswegs nur die Medien äußern sich zunehmend skeptisch über die Grenzen der Leistungsfähigkeit im Spitzenmanagement. »Ein Unternehmen zu führen ist einfach zu brutal geworden«, zitiert das *manager magazin* den ehemaligen McKinsey-Chef Herbert Henzler.[3] Und als ob Henzler den Beweis für seine These schuldig geblieben sei, veröffentlichte die Beratungsfirma Booz & Company im Mai 2012 die ernüchternden Ergebnisse jener Studie, die jährlich den Wechsel von Chief Executive Officers (CEOs) der 2 500 weltgrößten börsennotierten Firmen untersucht. Die Geduld sei gering, die einstige 100-Tage-Schonfrist gelte nicht mehr, schreiben die Autoren. Im Ergebnis stieg die Wechselhäufigkeit deutscher Vorstandsvorsitzender im Vergleich zum Vorjahr um rund 100 Prozent. Mit Ausnahme von Russland, Indien und Brasilien sei die Fluktuation nirgendwo so hoch wie im deutschsprachigen Raum.[4]

Was ist los in deutschen Chefetagen? Glaubt man der Dramatik der Berichterstattung, könnte man fast meinen, dass nicht mehr nur manch überzogene Erwartung an die Person des CEOs, sondern gleich die gesamte einstmals so ehrenvolle Aufgabe des Vorstandsvorsitzes für den Amtsinhaber zum Albtraum werde.

Kein Zweifel: Es sind unruhige Zeiten, in denen die Unternehmenslenker deutscher Großkonzerne – wenn auch meist unfreiwillig – vermehrt in den Blickpunkt der öffentlichen Berichterstattung rücken. Hätte man mit Verweis auf die vergleichsweise ruhigen und stabilen Zeiten der Deutschland AG noch von einem »old normal« sprechen können, so definiert sich der erstmals vom weltweiten McKinsey-Chef, Ian Davis, benannte Zustand des »new normal« stündlich neu. »Im Tagesrhythmus beinahe werden die Risiken des Big Business dramatischer, die Märkte volatiler, die technologischen Sprünge gigantischer, die globalen Verwicklungen komplexer. In Blitzgeschwindigkeit können sich neue Gefahren auftun«, schreiben die Autoren des *manager magazins*. Taugt einzig der Ausnahmezustand zur neuen Normalität, wirft die rasant zunehmende Komplexität Fragen auf, auf die die klassische Managementlehre immer seltener Antworten weiß.

The End of Management?

In einer solch aufgeladenen Atmosphäre schien es nur konsequent, dass der stellvertretende Chefredakteur des *Wall Street Journals*, Alan Murray, im August 2010 das Ende des uns bekannten Unternehmens ausrief. Zu schwerfällig, zu statisch sei unsere Vorstellung einer Organisation, die für die Bedürfnisse des 20. Jahrhunderts entworfen wurde, keinesfalls aber der Realität des 21. Jahrhunderts gerecht werde. »The old methods won't last much longer«, schrieb Murray.[5] Ähnlich argumentierte im Januar 2012 der Managementvordenker Gary Hamel, als er öffentlich forderte: »Schafft die Manager ab!«[6] Hätten solche Aufrufe namhafter Experten noch vor einigen Jahren für Kopfschütteln und Unverständnis gesorgt, scheint die Krise alle – Vertreter der Wirtschaftswissenschaftler ebenso wie führende Manager, Journalisten und Denker – in ihrem vormals so gefestigten Glauben an unser liberales Wirtschaftssystems derart erschüttert zu haben, dass Gedankenspiele jeglicher Art erlaubt sind. Sei es die Managementlehre oder gar deren geistiges Fundament: der Kapitalismus, alles darf zur Disposition gestellt werden.

Zwar sind solche Debatten angesichts der zahlreichen wirtschaftlichen wie auch politischen Verwerfungen durchaus wichtig. Auch mag die Art und Weise eines von Superlativen geprägten Diskurses angesichts der Schwere und Langlebigkeit dieser Krisen verständlich sein. Es habe sich »fundamental fast alles [verändert], was Menschen tun, warum sie es tun und wie sie es tun, und auch wer sie sind und welches Weltbild sie haben«, schrieb zum Beispiel der Kopf der St. Gallener Managementschule Fredmund Malik.[7] Aber während man sich in der Ablehnung alter Dogmen und Weisheiten noch einig zeigt, fällt eine differenzierte, pragmatische Betrachtung der Herausforderungen ungleich schwerer. Probleme ungeahnten und historischen Ausmaßes erfordern scheinbar ebenso große Lösungsentwürfe. Und erkennt man erst die Einzigartigkeit der Krise an, dann verwehrt man ihr auch die Vergleichbarkeit mit früheren Krisen und Verwerfungen. Einordnungen schlagen fehl, weil es keine Schubladen zu geben scheint; lediglich ein revolutionäres neues Denken scheint Besserung zu versprechen. Angesichts dessen verwundert es kaum, dass die Suche nach eben diesen revolutionär neuen Ideen und Konzepten vorerst ergebnislos bleibt. »The thing that limits us«, schreibt Gary Hamel, »is that we are extraordinarily familiar with the old model, but the new model, we haven't even seen yet.«

Der CEO als Wegweiser

Was bleibt, sind viele unbeantwortete Fragen. Alte Dogmen und Ordnungssysteme haben sich überlebt, ohne jedoch durch neue ersetzt worden zu sein. Nehmen in einem solchen Umfeld die von allen zu beobachtende Komplexität und Veränderungsgeschwindigkeit noch zu und weichen die uns bekannten traditionellen Unternehmensstrukturen zunehmend der Notwendigkeit operativer Flexibilität, bleiben meist nur Unsicherheit und Unberechenbarkeit. Die Folgen für unser Verständnis von Unternehmensführung und insbesondere für die Führungsrolle des CEOs sind gravierend. Nicht nur die Augen der Mitarbeiter richten sich zusehends auf die Person des Vorstandsvorsitzenden. Auch Aktionäre,

Investoren und eine Vielzahl weiterer Anspruchsgruppen fordern dessen unternehmerische wie auch gesellschaftliche Verantwortung ein. Und sie erwarten, was man von Führungspersönlichkeiten insbesondere in turbulenten Krisenzeiten auch erwarten darf: Orientierung. Der CEO wird zum sicheren Wegweiser in einer stürmischen Zeit, in der alles im Wandel zu sein scheint. »A leader who can provide a steady anchor is more critical than ever to the survival and success of a big organization«, schreibt die Managementexpertin Orit Gadiesh.[8] Und der ehemalige Vorstandsvorsitzende der Strategieberatung Roland Berger, Prof. Dr. Burkhard Schwenker, ergänzt: »Wenn klare Aussagen über die Zukunft schwierig werden, kommt es darauf an, Sicherheit durch Persönlichkeit zu schaffen.«[9]

Der Wert der Aufmerksamkeit

Die Relevanz einer solchen Entwicklung ist beachtlich, aber wenig verwunderlich. Ist es heute kaum mehr möglich, international operierende Unternehmen in ihrer Gesamtheit zu verstehen, wird die Persönlichkeit, werden das Verhalten, die Mimik und Sprache des Vorstandsvorsitzenden zum Gradmesser der gesamten Unternehmung. Wie kaum ein anderer Faktor entscheiden dessen Glaubwürdigkeit, Verlässlichkeit und Integrität über die Reputation und Bewertung des Unternehmens. Jeder Schritt wird bewertet, diskutiert, analysiert. Motive, Interessen und Absichten werden daraufhin abgeglichen und wieder verworfen, immer auf der Suche nach Anzeichen, die Antworten geben könnten auf die Frage: Was bewegt das Unternehmen? Die Folge: Nicht nur in der öffentlichen Wahrnehmung erfährt der CEO eine enorme Aufwertung.

Dieser Trend spiegelt sich auch in der zunehmenden Personalisierung der Medienberichterstattung wider. Allein zwischen 2002 und 2007 verdoppelte sich die Anzahl der Beiträge, in denen die Unternehmensvorsitzenden die Protagonisten waren. Lag der Wert im Jahr 2002 noch bei 18,7 Prozent, stieg der Anteil im Jahr 2007 auf 32,7 Prozent.[10] Und auch wenn jüngere Untersuchungen fehlen, dürfte der Anteil nach der

Krise noch deutlich gestiegen sein. Sicher: Manche Medien und Formate personalisieren mehr als andere. So ergab eine im Oktober 2012 vorgenommene Stichprobenuntersuchung des *Handelsblattes*, dass in mehr als 60 Prozent der untersuchten Titelgeschichten über Unternehmen der CEO eine sehr zentrale Rolle einnahm. Doch auch wenn die Ausprägung variieren mag, insgesamt ist der Trend zur Personalisierung über alle Medien hinweg ungebrochen.[11]

Gezielt suchen die Medien nach Geschichten, in denen sich die Dramaturgie des Lebens widerspiegelt. Es wird inszeniert, polarisiert und dramatisiert. Die Vorteile lägen auf der Hand, schreibt der Autor Marcus Weber. Wer sich auf die Person konzentriert, der reduziert nicht nur die ansonsten kaum zu überblickende Komplexität moderner Unternehmen. Er bedient darüber hinaus seine Klientel mit dem, was diese am meisten lieben: Geschichten. Erst das Humane verleihe der Berichterstattung Leben. Die Sprache des Faktenjournalismus sei hingegen Ausdruck einer inhumanen, weil toten Gegenstandswelt, schreibt Weber.[12] Der CEO wird somit zum personifizierten Unternehmen. Die Kämpfe, Leiden und Erfolge des Unternehmens, all dies spiegelt sich in der Person und dem Verhalten des CEOs. Er wird konstruiert, mal zum Helden, mal zum Buhmann.

Dass CEOs diesen Trend durchaus ernst nehmen sollten, zeigt das Stimmungsbild unter zahlreichen Anspruchsgruppen. In einer Untersuchung des Instituts für Demoskopie Allensbach unter Journalisten, Analysten und Arbeitnehmervertretern gaben 74 Prozent der Befragten an, die Wahrnehmung des CEOs habe einen großen bis sehr großen Einfluss auf den Geschäftserfolg des Unternehmens.[13] In einer Untersuchung über den *War for Talents* gaben 89 Prozent der befragten MBA-Absolventen an, die Reputation des CEOs sei ein sehr entscheidender Faktor für oder gegen die Karriere in einem bestimmten Unternehmen.[14] Und erst 2011 ergab eine Umfrage unter Investoren und Analysten, dass diese ihre Anlageentscheidung zu rund einem Drittel (31,5 Prozent) von der Reputation und Wahrnehmung des CEOs abhängig machen würden.[15]

Wie sich dies in der Praxis auswirkt, kann man gelegentlich auch hautnah miterleben. So fiel der Aktienkurs des Technologieriesen Apple zwischenzeitlich um rund 7 Prozent oder insgesamt 17,7 Milliarden US-Dollar, als am 24. August 2011 bekannt wurde, dass der legendäre CEO des

Unternehmens, Steve Jobs, aus gesundheitlichen Gründen von seinem Posten zurückgetreten war. Und als am 28. Juli 2005 die Frankfurter Börse um kurz vor zehn Uhr das Gerücht erreichte, der amitierende Vorstandschef der DaimlerChrysler AG, Jürgen Schrempp, habe bei der Aufsichtsratssitzung in Stuttgart seinen Rückzug zum Jahresende verkündet, stieg die Aktie des Konzerns binnen Minuten um rund 7 Prozent. Am Abend desselben Tages war die Firma circa 3,7 Milliarden Euro mehr wert.

Wie sehr dabei auf jede Regung, jede Handlung und jedes Wort des CEOs geachtet wird, zeigt eine zunehmende Anzahl von Studien, die gezielt den Einfluss privater Entwicklungen auf den Aktienkurs börsennotierter Unternehmen untersuchen. Der Wert solcher Untersuchungen ergebe sich zwangsläufig aus der gestiegenen Bedeutung der CEOs, argumentiert der New Yorker Wirtschaftsprofessor Daniel Yermack: »When you go to the track, you study the horse. Investing is not that different. You want to know as much as you can about the jockey.«[16] So konnte Yermack mit seinem Team nachweisen, dass sich der private Kauf großer Immobilien in aller Regel negativ auf den Aktienkurs auswirke.[17] Man könne schließlich vermuten, dass der CEO seiner Neuerwerbung künftig etwas von jener Aufmerksamkeit schenken werde, die eigentlich dem Unternehmen gebühre, so Yermack. Ähnliche Ergebnisse ergaben Untersuchungen über die eigene Hochzeit oder den Tod naher Familienangehörigen. Einzig das Ableben der Schwiegermutter führe den Untersuchungen zufolge zu einem Kursplus.[18]

So unterschiedlich die Studien auch sein mögen, sie alle sprechen dieselbe Sprache. Nehmen die Komplexität und Unberechenbarkeit des Umfelds zu, dann wird der CEO intern wie auch extern zur wichtigsten Identifikationsfigur und somit zu einem herausragenden Asset des Unternehmens. »People are voting for the artist, not the painting«, schrieb einst Warren Buffett, um die Bedeutung des Vorstandsvorsitzenden noch zu unterstreichen.[19] Schon im Jahr 2000 kam der Managementberater Ram Charan in seiner Untersuchung über die Signifikanz damaliger Unternehmenslenker zu einem eindeutigen Schluss: »The fact is inescapable: These choices of single human beings [CEOs] exert enormous influence over entire enterprises. In the aggregate, they determine the prosperity of the nation.«[20] Rund zwölf Jahre später ist diese Schlussfolgerung aktueller denn je.

Die Risiken der Aufmerksamkeit

Besteht heute kaum noch ein Zweifel an der Bedeutung des CEOs sowohl für die Wahrnehmung als auch die Reputation des Unternehmens, ist das Bewusstsein für mögliche Risiken bislang gering ausgeprägt. Doch die neugewonnene Aufmerksamkeit hat auch ihren Preis.

Am deutlichsten zeigt sich dies in der häufig als unfair und unausgewogen empfundenen Berichterstattung über die eigene Person. Wenn es auf einmal nicht mehr heißt »DaimlerChrysler macht den Aktionären keine Freude«, sondern »Jürgen Schrempp macht den Aktionären keine Freude«, wenn es über den ehemaligen CEO der Deutschen Telekom, Ron Sommer, heißt, er sei das »personifizierte T-Saster«[21], oder wenn sich der ehemalige Bahn-Chef Hartmut Mehdorn von den Medien persönlich für ein »defektes Zugklo in Wanne-Eickel« zur Rechenschaft gezogen fühlt, dann bleibt dies natürlich nicht ohne Folgen für die eigene Psyche.[22]

Doch eine weniger offensichtliche Folge der zunehmenden Fokussierung auf den CEO hat weitaus größere Konsequenzen. Denn ebenso unterschiedlich wie die Anspruchsgruppen, Märkte und Gesellschaften, in denen die Unternehmen operieren, sind auch die Erwartungen, Wünsche und Bedürfnisse, die an den CEO adressiert werden. Seien es Mitarbeiter, Investoren, Kunden, Zulieferer oder gesellschaftliche Akteure, der CEO wird zur Projektionsfläche einer Vielzahl teils berechtigter, teils widersprüchlicher, teils übersteigerter Interessen und Erwartungen. Doch nicht nur an die Aufgaben, auch an das Persönlichkeitsprofil werden hohe Ansprüche gestellt. Wahrlich große CEOs, so scheint es, vereinen eine Vielzahl teils widersprüchlicher Eigenschaften. Sie sind bescheiden und doch ehrgeizig, flexibel und doch standhaft, unprätentiös und doch glamourös, willensstark und doch demütig.

Steht es im Zeitalter der Demokratisierung der Medien jedem frei, sich zu äußern, und nimmt auch in der medialen Berichterstattung die Tendenz zu einer personalisierten und polarisierenden Berichterstattung zu, so schafft dies ein neuartiges Spannungsfeld, in dem sich CEOs heute messen lassen müssen. Fehlt das Bewusstsein für die neuen Realitäten, fehlt die Zeit zum Luftholen, zum Reflektieren, und fehlt eine

Fehlerkultur, die so manch ungeahnten Sprung ins Fettnäpfchen verzeiht, bleibt meist nur das zunehmende Gefühl der Fremdbestimmung. Nicht selten fühlen sich Vorstandsvorsitzende aufgerieben zwischen den kurzfristigen Anforderungen des Tagesgeschäfts und den Erwartungen an die langfristige visionäre Führung, zwischen der gesellschaftlichen und unternehmerischen Verantwortung, zwischen globaler und lokaler Führung und natürlich zwischen den persönlichen, familiären Interessen und jenen des Unternehmens. Im Ergebnis ergeht es nicht wenigen wie dem ehemaligen Vorstandsvorsitzenden des Onlinedienstleisters AOL, Stephen Case:

> *»I sometimes feel like I'm behind the wheel of a race car. I need to keep my eyes on the horizon, but I need to keep my attention on the rearview mirror to see who is gaining on me. From the passenger seat, consumers are telling me where and when they want to be dropped off, and behind me my shareholders and business partners are engaged in backseat driving. One of the biggest challenges is that there are no road signs to help navigate. And in fact, every once in a while a close call reminds me that no one has yet determined which side of the road we are supposed to be on.«*[23]

Wohin man auch schaut: Zunehmend drängt sich der Eindruck auf, die Aufgabe des CEOs werde zu einer Gratwanderung, die immer seltener zu gelingen scheint. Konnte manch ein CEO zu Zeiten der Deutschland AG noch auf Jahrzehnte während Amtszeiten hoffen, so wird der Chefsessel immer mehr zum »Schleudersitz« (*Handelsblatt*). Allein in den vergangenen zehn Jahren hat die Fluktuation an den Unternehmensspitzen enorm zugenommen. Insbesondere externe CEOs halten sich im Durchschnitt kaum mehr 3,3 Jahre auf dem Chefsessel.[24]

Es mag vor diesem Hintergrund also wenig verwundern, dass Vorstandsvorsitzende die Welt als immer komplexer wahrnehmen. Nichts scheint sich mehr den einstmals so erfolgreichen Rezepten und Modellen zu fügen, man versteht die Welt immer weniger, überfordernde Komplexität ist die häufige Folge. In den Worten des Managementexperten Warren Bennis:

*»The job is more complex. There's more clogged cartography of stake-
holders, unbelievable changes, disruptive technologies, globalization,
inflection points no one would even think ten years ago, and most of
all, speed. It not only takes a strong stomach and a tough nervous system but a mind that can take nine dots of view and connect the dots.«*[25]

Wie sehr Bennis den Führungskräften dabei aus dem Herzen spricht, zeigen verschiedene internationale CEO-Befragungen aus den Jahren 2010
und 2011. Dort gab die überwältigende Mehrheit der CEOs an, dass die
Bewältigung der Komplexität die größte Herausforderung für ihr Geschäft darstelle. Allein die Ergebnisse der im Jahr 2010 veröffentlichten *Global CEO Study* des Technologieunternehmens IBM unterstreichen die Bedeutung des Themas. Das Interessante: Auch hier zeigt sich,
wie groß die Unsicherheit angesichts der neuen Herausforderungen ist.
Gaben rund 80 Prozent der Befragten an, die Komplexität werde in den
kommenden Jahren deutlich zunehmen, glaubten nur 49 Prozent von
ihnen zu wissen, wie sie erfolgreich mit dieser Komplexität umgehen sollen. Nach Aussagen der Autoren stelle diese »Vorbereitungslücke« eine
größere Herausforderung dar als jeder andere Faktor, den IBM bei den
CEO-Studien in den vorausgegangenen sechs Jahren festgestellt hat.[26]

Das Ziel: Die Vorbereitungslücke schließen

Wie kann es also noch gelingen, in einem solchen Umfeld Unternehmen
effektiv zu führen und den zahlreichen, in die eigene Person gesetzten
Erwartungen gerecht zu werden? Wie kann die »Vorbereitungslücke«
geschlossen und aus dem »fast unmöglichen Job« (*Handelsblatt*) wieder jene erstrebenswerte Aufgabe werden, die einst den Vorstandsvorsitz
auszeichnete?

Wer auf diese Fragen einfache Antworten erhofft, der wird enttäuscht
werden. Die Welt ist und bleibt nicht nur komplex, vielschichtig und
äußerst wandlungsfähig – sie war es bereits vor der Krise. Insofern ist
es auch zumindest fragwürdig zu behaupten, diese habe »fundamental«

alles verändert. Die vergangenen Krisenjahre haben vielmehr schonungslos offengelegt, wie sehr sich die Welt bereits gewandelt hatte und wie wenig doch unser stark vereinfachtes Bild der Welt dieser gerecht wurde. Mit der Krise fand insbesondere jene »schöne Modellwelt«[27] aus Theorien und Dogmen der freien Marktwirtschaft ein Ende, die – in den Worten des Harvard-Ökonomen Dani Rodrik – sowohl Praktiker als auch Theoretiker der Wirtschaftswissenschaften blind gemacht habe für eine Realität, in der es keine einfachen, prozessualen Antworten auf schwierige Fragen gebe.[28]

Hat man die Krise somit auch als eine Krise des Denkens entlarvt, wird die Suche nach Antworten zumindest ein wenig leichter. Keine revolutionären Konzepte, keine fantastischen Ideen sind mehr notwendig, um den zahlreichen Herausforderungen zu begegnen. Wir sind nicht mehr gezwungen, alles Vergangene zu verwerfen, sondern sind eingeladen, sowohl in der Zukunft als auch in der Vergangenheit nach Antworten zu suchen.

Fest steht jedoch bereits jetzt, dass sich die Realität einer komplexen Welt nicht mehr ignorieren lässt. Es gilt, sich zu arrangieren mit dem kaum zu überblickenden Umfeld, in dem sich Wirtschaft heute definiert. Für Vorstandsvorsitzende bedeutet dies, dass sie die verminderte Prognosefähigkeit und erhöhte Volatilität sowie Komplexität unserer Tage als Rahmenbedingung akzeptieren, auf Detailplanungen für unzählige denkbare Szenarien verzichten und stattdessen Mitarbeiter und Führungskräfte in die Lage versetzen sollten, flexibel auf Unvorhergesehenes zu reagieren. Dies erfordert zweifelsohne Mut – den Mut, alten, vermeintlich Sicherheit und Berechenbarkeit spendenden Managementmodellen zu miss- und der eigenen Intuition zu vertrauen. Und den Mut, auch im Angesicht einer kaum vorhandenen Prognosefähigkeit strategische Entscheidungen zu treffen, diese allen relevanten Stakeholdern zu erklären und für deren Umsetzung zu werben. In einem solchen Umfeld wird insbesondere die Fähigkeit, überzeugend und zielgruppengerecht zu kommunizieren, zu einem strategischen Erfolgsfaktor der Unternehmensführung.

Spielte jedoch insbesondere die Vorstandskommunikation in der Aus- und Fortbildung von CEOs bisher eine weitgehend untergeordnete

Rolle, trägt auch das daraus resultierend mangelnde Verständnis für die Möglichkeiten und Limitationen derselben zur bereits genannten »Vorbereitungslücke« bei.

Mit diesem Buch wollen wir einen Beitrag dazu leisten, diese Vorbereitungslücke zumindest ein Stück weit zu schließen. Angesichts der zahlreichen und äußerst unterschiedlichen Erwartungen und Anforderungen, die tagtäglich an Vorstandsvorsitzende gestellt werden, ist es nicht unser Ziel, eine Blaupause für die Lösung aller Probleme zur Verfügung zu stellen. Indem wir jedoch bewusst die Rolle des Vorstandsvorsitzenden in den Mittelpunkt unserer Betrachtungen stellen, wollen wir uns auf das Wesentliche konzentrieren: die Verortung des Vorstandsvorsitzenden in seinem neuen Umfeld, die Identifikation aller relevanten Erwartungen in diesen sowie die Definition seiner eigenen Rolle im Kontext dieser Erwartungen. Erst eine solche Rollendefinition und das Bewusstsein für die Erwartungen und Motivationen des neuen Umfelds ermöglichen es dem CEO, vom Getriebenen zum aktiv Handelnden zu werden. Und erst eine solche Rollendefinition ermöglicht den zielgerichteten Einsatz einer professionell geplanten Vorstandskommunikation. Denn will man den Wert der neuen Aufmerksamkeit maximieren und deren Risiken minimieren, wird diese zum wichtigsten strategischen Erfolgsfaktor moderner Führung.

Mit unserem Modell des CEO-Navigators wollen wir diesem Ziel entscheidend näherkommen. Entwickelt auf Basis unserer Zusammenarbeit mit zahlreichen DAX-, MDAX-, und TecDAX-CEOs, schlägt es bewusst die Brücke zwischen Theorie und Praxis und ermöglicht eine kommunikative und strategische Rollendefinition, ohne die sehr unterschiedlichen Wirklichkeiten und die jeweils sehr individuellen Beweg- und Hintergründe der Unternehmen für einen CEO-Wechsel zu vernachlässigen.

Was ist anders?

So sehr wir vom Nutzen des Modells überzeugt sind, es hat nicht den Anspruch, ein »one size fits all«-Konzept zu sein. Ebenso wie die Fähigkeit zur kontinuierlichen Reflexion erfolgreiche CEOs auszeichnet, soll auch der CEO-Navigator zur Reflexion befähigen. In dieser Hinsicht scheuen wir nicht die Auseinandersetzung mit der Komplexität. Unser Modell entstand in Kenntnis und nicht aus Furcht vor dieser. Es vereinfacht nicht, um vieles andere auszublenden, sondern hat lediglich den Anspruch, einer ansonsten kaum zu überblickenden Umwelt ein Mehr an Struktur zu geben.

Weder unser Modell noch die in diesem Buch getroffenen Aussagen und Feststellungen haben demnach den Anspruch, allgemeingültig zu sein. Auch sind wir uns bewusst, dass die für eine praktische Anwendung erforderliche Einlassung auf Details nicht überall auf Zustimmung stoßen wird. Vielmehr ist mit diesem Buch auch die Hoffnung verbunden, einer Debatte über die Signifikanz, die Möglichkeiten und die Limitationen der Vorstandskommunikation auf die Sprünge zu helfen. Und weil wir vom Nutzen des CEO-Navigators überzeugt sind, hoffen wir, dass auch dieser seinen Beitrag zu einer solchen Debatte leistet. Denn wie formulierte es schon 1989 der ehemalige Vorstandssprecher der Deutschen Bank, Alfred Herrhausen: »Im Umgang mit der immer komplexer werdenden Wirklichkeit sind und bleiben wir alle Lernende.«[29]

Aufbau des Buches

Jedes Modell braucht seinen Kontext. In diesem Sinne wollen wir in Kapitel 1 das Umfeld skizzieren, für das der CEO-Navigator konzipiert wurde und in dem er sich bewähren soll. Da wir überzeugt sind, dass die tatsächliche Vorbereitung auf die Aufgabe des Vorstandsvorsitzes nur sehr selten adäquat den mit enormen Veränderungen verbundenen Schritt an die Spitze eines Unternehmens reflektiert, werden wir in Kapitel 1 insgesamt fünf Parameter vorstellen, über die sich der Kontext, in dem Führung heute stattfindet, maßgeblich definiert. Ein solches Verständnis für den Kontext ist unbedingt notwendig, um das Bewusstsein für die CEO-Rolle zu schärfen und deren Bedeutung für die Kommunikation zu untermauern.

Ist der Kontext umschrieben, wollen wir in Kapital 2 noch ein wenig detaillierter und praxisorientierter auf die Relevanz der CEO-Rolle eingehen. Ziel dieses vergleichsweise kurzen Kapitels wird es sein, auf Basis der bisherigen abstrakten wie auch konkreten Darlegungen den Weg zum Modell des CEO-Navigators zu ebnen.

In Kapitel 3 widmen wir uns anschließend ausschließlich dem CEO-Navigator. Neben einer kurzen theoretischen Einführung liegt unser Hauptaugenmerk auf dessen Anwendungsmöglichkeiten. Wodurch zeichnet er sich aus? Wo liegt dessen Mehrwert? Wie kann die eigene Rollendefinition die CEO-Kommunikation bereichern? Und wie kann es gelingen, auf Basis der eigenen Kommunikation alltägliche Handlungsspielräume zu erweitern und Risiken zu mindern?

In Kapitel 4 lösen wir uns abschließend nur scheinbar von der Kommunikation und sprechen drei grundsätzliche Empfehlungen für angehende CEOs aus. ›Scheinbar‹ deshalb, weil sich Kommunikation und Führung kaum mehr auseinanderdividieren lassen. Führung ist Kommunikation. Und so wollen wir unsere drei maßgeblich auf unseren zahlreichen und langjährigen Erfahrungen in der CEO-Beratung basierenden Empfehlungen auch keineswegs unkommentiert stehen lassen. Vielmehr ist es unser Ziel, exemplarisch darzustellen, inwiefern das neugewonnene Verständnis für die Rolle und den CEO-Navigator dazu beitragen kann, diese Empfehlungen in die Praxis zu tragen.

Für wen ist dieses Buch?

In erster Linie richten wir uns an Topmanager, Vorstände, Vorstandsvorsitzende und all jene, die dies werden wollen. Wir sind überzeugt, dass die strategische Kommunikation zu einem Erfolgsfaktor der Führung geworden ist. Auch wird deren Bedeutung zukünftig noch an Gewicht gewinnen. In diesem Sinne begreifen wir dieses Buch auch als ein Managementbuch und keineswegs nur als ein Fachbuch für Kommunikation.

Darüber hinaus wenden wir uns aber auch bewusst an die Kommunikationsverantwortlichen und Chief Communication Officer (CCOs). Wir sind überzeugt, dass sich die Professionalisierung der Kommunikationsbranche innerhalb des vergangenen Jahrzehnts auch in den kommenden Jahren fortsetzen wird. Und weichen die einstmals so starren Grenzen zwischen dem Management und der Unternehmenskommunikation zusehends auf, wird insbesondere die Bedeutung des CCOs eine enorme Aufwertung erfahren.

Hinweis

Im Folgenden beschränken wir uns auf männliche Geschlechterbezeichnungen (»der CEO«, »der Geschäftsführer« et cetera). Mit dieser Vorgehensweise wollen wir selbstverständlich keine Position beziehen, sondern lediglich die Übersichtlichkeit und Lesbarkeit des vorliegenden Textes wahren. Demnach beziehen sich alle Bezeichnungen generell auf beide Geschlechter.

Kapitel 1

Dem Rollenmodell einen Kontext geben

Weder in der Wissenschaft noch in der weitgehend praxisorientierten Leadership-Literatur genießt die Vorbereitung eines Topmanagers oder Vorstands auf die Rolle des Vorstandsvorsitzenden große Aufmerksamkeit. Vielmehr scheint sich in Führungspositionen hartnäckig der Glaube zu halten, dass sich die Rolle des CEOs von der Rolle anderer Vorstände oder Topmanager nur wenig unterscheide. Sicherlich steigt die Verantwortung. Nicht mehr nur Teilbereiche, das ganze Unternehmen muss nun »gemanagt« werden. Blickt der designierte CEO jedoch auf zahlreiche Erfahrungen im Spitzenmanagement zurück, wird mit der Anerkennung der eigenen Leistungen, die mit der Berufung zum Vorstandsvorsitzenden zweifellos verbunden ist, auch gleich die Befähigung für diese Aufgabe unterstellt.

Die Realität erweist sich um einiges komplexer und komplizierter, wie der Harvard-Professor Michael Porter auf Basis der Untersuchung klassischer CEO-Stolperfallen schon 2004 feststellte: »We have discovered that nothing in a leader's background, even running a large business within the company, fully prepares him to be a CEO.«[30]

Und auch der Aufsichtsratsvorsitzende der zwei DAX-Konzerne Linde und RWE, Manfred Schneider, warnte in einem Interview mit dem Wirtschaftsmagazin *Capital* im Februar 2012 davor, den Sprung auf den Posten des Vorstandsvorsitzenden zu unterschätzen. Dieser sei mit »immensen Herausforderungen« verbunden, auf die Vorstände bisher nur unzureichend vorbereitet würden: »Das klingt immer so einfach: Der war ja schon Vorstand, dann wird er jetzt eben Vorstandsvorsitzender. Aber dieser Schritt ist gewaltig, und daran sind nicht wenige gescheitert.«

Was aber macht den Sprung an die Spitze so gewaltig? Und inwiefern müssten CEOs vorbereitet werden, um den doch eigentlich so konsequenten Schritt zu meistern? Schneider selbst deutet eine Antwort bereits an, indem er seine Vorstellung vom perfekten CEO darlegt. Vorstandsvorsitzende müssten, so Scheider, nicht nur genau wissen, wo und wofür sie stehen. Vielmehr müssten sie exzellente Kommunikatoren sein. Schließlich gelte: »Was man nicht kommunizieren kann, kann man auch nicht umsetzen.«[31]

Sowohl die Kenntnis der eigenen Rolle als auch die Fähigkeit, effektiv zu kommunizieren, zeichnen demnach exzellente CEOs aus. Weder Ersteres noch Letzteres spielt jedoch in der Aus- und Fortbildung eine nennenswerte Rolle. Für die Relevanz unseres Modells des CEO-Navigators sind beide Erkenntnisse gleichermaßen relevant.

Um diesen Gedanken näher ausführen und die Bedeutung der CEO-Kommunikation und -Rolle darlegen zu können, wollen wir im Folgenden zunächst anhand fünf konkreter Parameter den Kontext skizzieren, in dem sich Unternehmensführung heute definiert.

Der CEO als Sinnmanager – Komplexität erfordert ein neues Strategieverständnis

Zu den unmittelbaren Erfahrungen, von denen frischgebackene CEOs zu berichten wissen, zählt meist die unbestimmte Erwartung, innerhalb äußerst kurzer Zeit in ein neues, vollkommen unbekanntes Rollenverständnis hineinzuwachsen, auf das sie bisher kaum vorbereitet wurden. Dabei spielt es zunächst keine Rolle, ob CEOs aus der Mitte der Organisation oder von außen kommen. Während schon alle Augen auf sie gerichtet sind, müssen interne CEOs zum Beispiel ihre Beziehungen zu ehemaligen Weggefährten innerhalb des Unternehmens überdenken und ihre Rolle gegenüber einer Vielzahl neuer, externer Stakeholder neu definieren. Werden CEO-Posten mit externen Kandidaten besetzt, dann mögen diese bereits erfahren sein im Management externer Anspruchsgruppen. Doch nicht selten fehlt ihnen das Wissen über die zahlreichen informellen Gesetze einer Organisation. In Rekordzeit gilt es, sich einen Überblick über das Geschäft zu verschaffen, erste strategische Entscheidungen zu treffen, interne Allianzen zu schmieden und die meist komplexe Unternehmenskultur zu verstehen.

Doch die größte Herausforderung ist keineswegs operativer, sondern strategischer Natur. Zwar sind Topmanager – auch solche mit Vorstandsverantwortung – in aller Regel bereits vor ihrem Schritt an die Spitze des Unternehmens an der Ausarbeitung und Umsetzung der Unternehmensstrategie beteiligt. Aber die finale Verantwortung und Vermittlung des strategischen Kurses lag bisher immer beim Vorstandsvorsitzenden. Und so geschieht es nicht selten, dass zweifelsohne kompetente und talentierte Manager an die Unternehmensspitze berufen werden, nur um dort festzustellen, dass sie nicht adäquat auf die Anforderungen und Erwartungen vorbereitet wurden, die sie dort antreffen. Plötzlich geht es nicht mehr nur um Planzahlen oder Prozesse, sondern vermehrt um Sinnfragen und große strategische Fragestellungen. Hatte man zuvor – den Blick immer streng nach oben gerichtet – in dem Bewusstsein gelebt, die finale Verantwortung und Autorität liege beim CEO, wird einem die Welt sehr einsam und anders vorkommen, wenn man erst einmal die Spitze erklimmt. Phil Condit, ehemaliger Chairman und CEO des Flugzeugbauers Boeing, erklärt warum:

»The fact that there used to always be somebody down the hall and you would wander in and say, »Hey boss, this is what I am thinking about doing, what do you think?« And all of a sudden, you get to this place and you turn around and there is nobody to say, »Yes, I think that is a good idea,« to confirm your idea, to make it okay. You are the one.«[32]

Auch wenn er kaum thematisiert wird, es gibt ihn also, den entscheidenden Unterschied zwischen der Aufgabe der strategischen und jener der operativen Führung. Dem Coaching-Pionier Wilhelm Backhausen gelang es in seinem Buch *Management 2. Ordnung,* diesen Unterschied illustrativ darzulegen.[33] So gibt es Backhausen zufolge zwei unterschiedliche Ebenen des Managements. Zum einen das eher geläufige Management 1. Ordnung, zum anderen jenes der 2. Ordnung. Der klassische

Manager 1. Ordnung ist prozessorientiert, sein leitendes Interesse gilt der Effizienz. Ziel ist es, innerhalb eines vorgegebenen Rahmens zieldienliche Entscheidungen zu treffen, die Umsetzung zu gewährleisten und Ergebnisse zu präsentieren. Das Ausschlaggebende: Nahezu alle Grundannahmen über das Umfeld, die Gegenwart, die Zukunft sowie mögliche Entwicklungen – kurzum: die Wirklichkeit, wie sie sich dem Manager 1. Ordnung darstellt – werden kaum oder gar nicht infrage gestellt. Innerhalb des vorhandenen Rahmens handelt er, als ob es die eine, universale Wirklichkeit gäbe. Ob er sich dessen bewusst ist oder nicht, ist hierbei unwichtig. Wichtig ist, Entscheidungen zu treffen, die sich im Nachhinein als »richtig« erweisen. Um einem solchen Anspruch gerecht werden zu können, mündet eine solch operative Führung meist in kurzfristigen Aktionsplänen, keinesfalls jedoch in großen strategischen oder gar visionären Entwürfen.

Der Manager 2. Ordnung hingegen erkennt, dass grundlegende strategische Entscheidungen anders als im operativen Management immer auch geprägt sind von einem nicht zu behebenden Mangel an Wissen und Information. Er ist sich bewusst, dass es die *eine* Wirklichkeit, die *eine* universale Realität, nicht gibt. Und er weiß, dass er sich lediglich für einen Weg unter vielen entscheiden kann. Hat er sich einmal festgelegt, ist es sein Ziel, eine Wirklichkeit zu schaffen, die aktuell nicht gegeben ist, aber in Zukunft gebraucht wird, damit die Organisation ihre mittel- bis langfristigen Ziele erreichen kann.[34] Fredmund Malik definierte Strategie vor diesem Hintergrund konsequenterweise als »den Umgang mit einem nicht zu beseitigenden Mangel an Wissen«.[35] Es ist schlicht unmöglich, im Voraus zu wissen, was richtig ist und was nicht. Und so erkennt der Manager 2. Ordnung die Komplexität und mangelnde Prognosefähigkeit seines Handelns ebenso an wie die Tatsache, dass es bei seinen Entscheidungen nicht mehr darum geht, ob ein Weg richtig oder falsch ist, sondern ob er mit größerer Wahrscheinlichkeit ans Ziel führt als die erwogenen Alternativen. Effektivität, nicht Effizienz, ist sein leitendes Interesse.

In ihrer Rolle des CEOs sind Vorstandsvorsitzende immer auch Manager 2. Ordnung. Von ihnen wird nichts anderes erwartet, als dass sie Strategien entwerfen, Wegmarken und Ziele definieren, diese erklären und alle relevanten Stakeholder von diesen überzeugen. Sie sind es, die den Kontext, den Rahmen erschaffen, innerhalb dessen das Management 1. Ordnung überhaupt erst möglich wird. Fehlt ihnen dabei die Erfahrung oder das grundlegende Verständnis für die Neuartigkeit einer solchen Herausforderung, ziehen es viele vor, »auf Sicht zu fahren«. Eine solche Reaktion ist verständlich, gleicht sie doch dem klassischen Krisenverhalten des Managements 1. Ordnung. Auf dem Posten des CEOs kann dies freilich nicht mehr dauerhaft funktionieren. Komplexität ist hier keine vorüberziehende Erscheinung, sondern bildet das Fundament der Strategieentwicklung.

Eine solche Strategiedefinition, die sich nicht nur darin erschöpft, Pläne zu skizzieren und Ziele zu definieren, sondern angesichts der wachsenden Komplexität ebenso auch Wirklichkeiten erschafft, diese erklärt und Unterstützung generiert, geht noch immer weit über unser gängiges Strategieverständnis hinaus. Der CEO als oberster Stratege kann sich diesem neuen Strategieverständnis nicht entziehen. Sowohl die Führungsaufgabe als auch das CEO-Rollenverständnis müssen die neue Komplexität spiegeln. Kein CEO kann es sich heute noch leisten, sich auf eine Facette, einen Teilbereich zu beschränken. Vielmehr erfordern die neuen Herausforderungen ein differenziertes, vielschichtiges Rollenbild, in dem der CEO nicht mehr nur in der Rolle des Managers, sondern zum Beispiel auch in jener des Sinnmangers, Change Agents oder aber auch zahlreichen weiteren Rollen zu überzeugen vermag.

Der CEO als Enabler – Das Prinzip der Selbstorganisation wird zum Fundament eines neuen Führungsverständnisses

Vor diesem Hintergrund verwundert es kaum, dass die Mehrzahl aller CEOs entgegen landläufiger Meinung nur noch äußerst beschränkt operative Verantwortung übernehmen. Für Details bleibt meist keine Zeit. In der Konsequenz erfordert ein neues Strategieverständnis auf operativer Ebene auch ein neues Organisationsverständnis. Dies umso mehr, als die unternehmerische Innovationsfähigkeit und Flexibilität, schnell auf veränderte Anforderungen reagieren zu können, enorm an Bedeutung gewinnt. Eine solche Flexibilität kann jedoch mittels einer hierarchiegeprägten und obrigkeitshörigen Organisation, in der Mitarbeiter festgelegte Aufgaben erfüllen und wenig Entscheidungsspielraum haben, kaum noch gewährleistet werden. Selbst wenn es gelänge, durch geradezu militärische Disziplin und Organisation eine Struktur zu schaffen, in der das Wort des CEOs binnen Minuten bis in die entferntesten Unternehmensecken gelangt, bleibt das Problem der Informationsverarbeitung und -vermittlung.

In der Rolle des CEOs ist es schlicht unmöglich, alle Operationen eines weltweit agierenden, öffentlich gelisteten Unternehmens in all ihren Facetten zu überblicken. Aber selbst wenn dies gelingen könnte, müsste sich ein Vorstandsvorsitzender darauf verlassen können, dass ihm alle notwendigen Informationen, die zur Erfüllung seiner Führungsaufgabe notwendig sind, ungefiltert zur Verfügung gestellt würden. Nur so wäre es möglich, adäquate Entscheidungen zu treffen. Die Realität sieht freilich anders aus. Kaum einen CEO erreichen ungefilterte Informationen, zu groß ist der Respekt vor der Funktion des Vorstandsvorsitzes.

Doch nicht nur der Informationsfluss nach oben, auch jener in die Organisation hinein, von oben nach unten, stellt zumindest im klassischen Organisationsverständnis ein Hindernis für eine größere Flexibilität und Innovationsfähigkeit dar. Es liegt in der Natur der Kommunikation, dass das, was man sagt, nicht unbedingt mit dem, was man meint, korrelieren muss. Jede Nachricht, und sei sie noch so banal, verfügt über explizite und eine große Fülle impliziter Elemente. Ist eine Nachricht unklar formuliert, gewinnt das Implizite an Gewicht. Was der Empfänger unter der Nachricht versteht, mag dann nicht mehr mit der beabsichtigten Nachricht des Senders übereinstimmen. Missverständnisse sind die häufige Folge. Doch selbst wenn die Nachricht klar und deutlich formuliert wurde, wächst die Wahrscheinlichkeit für Abweichungen und Missverständnisse, je weiter der Empfänger vom Sender entfernt ist und je mehr Menschen die ursprüngliche Nachricht weitertragen. Wir alle kennen das Prinzip aus dem Spiel »Stille Post«.

Traditionelle Unternehmensstrukturen werden demnach den Herausforderungen einer immer komplexeren und dynamischeren Welt kaum noch gerecht. Den Gegenentwurf zur klassischen Unternehmensstruktur stellt die Netzwerkorganisation dar. Anders als zuvor baut eine solche dezentral organisierte Struktur auf das Interesse ihrer Mitglieder am gemeinsam zu schaffenden Mehrwert und wendet bewusst die Prinzipien des Stakeholder-Managements intern an. Die primäre Aufgabe des Topmanagements besteht somit nicht mehr darin, operative Entscheidungen zu treffen (Management 1. Ordnung). In den Vordergrund rückt die Fähigkeit, auf Basis der genannten erweiterten Strategiedefinition gemeinsame Wert- und Zielvorstellungen zu definieren. Auf diesem Weg wird jedes Organisationsmitglied ermächtigt, im Rahmen einer vereinbarten Rolle eigenverantwortlich zu handeln, ohne das gemeinsam definierte Ziel aus den Augen zu verlieren. Eine solche Form der Selbstorganisation erweist sich als äußerst effektiv, um Flexibilität und Innovationsfähigkeit auch innerhalb großer, multinationaler Konzerne gewährleisten zu können.

Gelingen kann dies freilich nur, wenn CEOs lernen, Verantwortung abzugeben. Als Manager 2. Ordnung stehen sie primär in der Verantwortung, den Strategieprozess kontinuierlich zu gestalten und kritisch zu hinterfragen und, wenn nötig, korrigierend einzugreifen. Sie entwerfen den Rahmen und das Ziel – oder, umgekehrt, das Problem[36] – und übernehmen die Verantwortung dafür, dass dieses von allen verstanden wird. Die Verantwortung für die operative Umsetzung und Zielerreichung jedoch überlassen sie ihren Bereichsvorständen und Führungskräften.

Der CEO als Überzeuger – Die Kunst zu überzeugen sichert Kooperation und definiert die eigene Rolle

Kooperation, Eigenverantwortung und Selbstorganisation werden somit also organisierende Prinzipien der Unternehmensführung. Besteht der Zweck der Strategie weitestgehend darin, eine Gruppe von Menschen auf ein gemeinsames Ziel auszurichten und zu dessen Erreichung zu befähigen, bleibt die Strategie jedoch ein Muster ohne Wert, sollte es nicht gelingen, die eigenen Führungskräfte und Mitarbeiter für die eigenverantwortliche Umsetzung zu gewinnen.

Im Umkehrschluss bedeutet dies, dass sich Führung in Zukunft vermehrt über die Bereitschaft interner, aber auch externer Stakeholder definiert, den Führungsanspruch des CEOs über dessen verbriefte Rechte hinaus anzuerkennen. Mehr denn je gilt es, Führungskräfte und Mitarbeiter, aber auch Investoren, Aktionäre und zahlreiche weitere Anspruchsgruppen nicht nur von den eigenen Zielen, sondern vielmehr auch vom eigenen Führungsanspruch zu überzeugen. »Der Mensch, der Hauptakteur auf der Bühne des Lebens [...] kann seine Geschichte nicht spielen ohne seine Mitspieler, die ihm seine Rolle zugestehen«, schreibt der Soziologe Walter Schmid.[37]

Eine unübliche Vorstellung von Führung, schließlich hält sich noch immer hartnäckig die klassische Vorstellung von positionsbezogener Autorität und Macht, von kraftvollen Machern und Entscheidern. Umso interessanter ist daher, dass die Idee einer etwas bescheideneren, aber effektiveren Führung bereits vor rund 60 Jahren von einem militärischen Befehlshaber formuliert wurde. Führung funktioniere dann am effektivsten, wenn man seine Untergebenen für den Kurs gewinne, schrieb der US-amerikanische General und Präsident Dwight D. Eisenhower. Sein Motto: »Pull the string, and it will follow wherever you wish. Push it, and it will go nowhere at all.«[38]

Ähnlich argumentieren auch die Managementexperten Warren Bennis und Patricia Ward Biederman. Die Zukunft gehöre dem Pull-, nicht dem Push-Management. Wer führen wolle, der müsse sich diesen Anspruch ebenso wie das ihm entgegengebrachte Vertrauen verdienen: »A leader must be someone who inspires trust and deserves it.«[39]

Will er dies erreichen, wird der Vorstandsvorsitzende vor allen Dingen seine neue Rolle als Identifikationsfigur und Anker im Unternehmen ernst nehmen müssen. Im Sinne des neuen Strategieverständnisses wird dieser mehr denn je zum Sinnmanager, der auch in turbulenten Zeiten die Richtung vorgibt, dem Insel- und Silodenken das Wasser abgräbt und Perspektiven auf das große Ganze eröffnet. Neben der Vermittlung des reinen Inhalts der Strategie gewinnen vermehrt auch Lesehilfen, Erklärungen und Deutungskonzepte an Gewicht, die es den internen, aber vermehrt auch externen Stakeholdern erlauben, die Bedeutung unternehmerischer Entscheidungen nachvollziehen und einordnen zu können. Der Kontext wird zu einem ebenso wichtigen Bestandteil der Strategie wie deren Inhalt. Wollen CEOs verstanden werden, dann müssen sie neben Fragen nach dem *Was?* immer auch Fragen nach dem *Warum?* beantworten können. Warum wurden diese und nicht andere Annahmen zugrunde gelegt? Warum wurde dieser Kurs eingeschlagen und nicht ein anderer? Wer diese Fragen im Bewusstsein für die Bedürfnisse und Erwartungen seiner wichtigsten Anspruchsgruppen beantworten kann und es darüber hinaus schafft, die eigene Corporate Story in deren Sprache zu übersetzen, dem kann es gelingen, interne wie auch externe Anspruchsgruppen von den eigenen Zielen zu überzeugen, zu motivieren und für die Umsetzung der eigenen Strategie zu gewinnen:

»Transformation is impossible unless hundreds or thousands of people are willing to help, often to the point of making short-term sacrifices. Without credible communications, and lots of it, the hearts and minds of the troops are never captured.«[40]

Führen Strategien hingegen nicht ans Ziel, dann hat meist ein Zielbild gefehlt, das für die erforderlichen Akteure verständlich, attraktiv und handhabbar war. Gründe dafür können mangelnde Konkretisierung sein, aber auch ein Überfluss an Details, unzureichende Anbindung an Werte und Kultur der Organisation oder fehlende Bezüge zwischen den Bausteinen der Strategie. »Die Bedeutsamkeit hängt an der Erzählbarkeit, und dafür braucht es einen überzeugenden Plot«, schreibt der Kommunikationsexperte Christopher Storck.[41] Machbar ist eben nur, was auch vermittelbar ist. Und vermittelbar ist am besten das, was den ganzen Menschen anspricht – den kognitiven wie auch emotionalen. Noch zu häufig wird verkannt, dass die einfache Darlegung von Fakten für uns Menschen ungefähr so appetitlich ist wie die Aussage »Kalter roher Fisch schmeckt gut«. Wer hingegen über die Freuden am Genuss frisch zubereiteten Sushis zu erzählen weiß, der regt die Vorstellungskraft seiner Zuhörer an und appelliert neben dem Verstand auch an die Sinne. »Wenn du ein Schiff bauen willst, dann trommle nicht Männer zusammen, um Holz zu beschaffen, Aufgaben zu vergeben und die Arbeit einzuteilen, sondern lehre die Männer die Sehnsucht nach dem weiten, endlosen Meer«, schrieb einst der französische Schriftsteller Antoine de Saint-Exupéry in seiner Erzählung *Die Stadt in der Wüste*. In Zeiten zunehmender Komplexität und Unsicherheit ist kaum eine Rolle prädestinierter als jene des CEOs, durch die Wahl der Sprache und des Verhaltens Orientierung zu stiften, die Wahrnehmung der Zuhörer zu verändern, diese zu motivieren und zu inspirieren.

Gelingt einem CEO dies nicht, sind die Folgen absehbar: Die Umsetzung gerät in Gefahr oder scheitert gänzlich. Und gerade dies führt noch immer in rund 70 Prozent aller Fälle zu einer vorzeitigen Absetzung von CEOs, wie eine Untersuchung der Managementexperten Ram Charan und Geoffrey Colvin zeigte.[42]

Der CEO als Kommunikator – Kommunikation wird zum strategischen Erfolgsfaktor moderner Führung

Es sind keineswegs nur die bereits erwähnten Risiken der neuen Aufmerksamkeit, deren Bekämpfung die Bedeutung der Vorstandskommunikation weit über das bekannte Maß hinaus erhöht.

Als fundamentaler Bestandteil der Strategie ist die Kommunikation keineswegs mehr nur monologisch, mitteilend und fernab vom Management organisiert. In dem Maße, in dem CEOs beginnen, die ihrer Ansicht nach unter zahlreichen Alternativen wahrscheinlichste Zukunft zu benennen, diese zu erklären und für sie zu werben, werden Sprache und Bilder zielbewusst eingesetzt, um den eigenen Kurs zu legitimieren und andere für die Umsetzung zu gewinnen beziehungsweise zu befähigen. In dieser Funktion schafft sich die Kommunikation ihre eigene Wirklichkeit und wird somit zu einem integralen Bestandteil der Unternehmensführung.

Keine Frage: Schon heute verbringen CEOs rund 80 Prozent ihrer Zeit im Gespräch. Seien es Führungskräfte, Mitarbeiter, Analysten, Investoren, Politiker, Kooperationspartner oder auch Kunden: Man verhandelt, diskutiert, vereinbart, legt Konflikte offen oder verhindert sie, versteht, missversteht, gibt oder nimmt das Wort. Doch nur selten wird die Bedeutung, werden die Möglichkeiten, aber auch Risiken der Vorstandskommunikation in all ihren Facetten erkannt. Noch zu häufig ist Sprache bloß Mittel zum Zweck. Welch ein »kostbarster Rohstoff« diese jedoch tatsächlich für die Unternehmensführung sei, das werde kaum erkannt, schrieb bereits vor über zehn Jahren die deutsche Publizistin und Literaturwissenschaftlerin Getrud Höhler: »Er wird täglich und stündlich gedankenlos verschwendet, fehlgenutzt und ausgenutzt, abgedrängt und nivelliert, weil seine Nutzer die schlummernde Explosivkraft des Rohstoffes ›Sprache‹ nicht erkennen.«[43]

Welcher Mehrwert könnte geschaffen werden, gelänge es, die Kommunikation noch effektiver zu gestalten?

Doch die Notwendigkeit einer professionellen Vorstandskommunikation ergibt sich nicht nur aus deren Möglichkeiten. Es fehlt schlicht die Alternative. Kein CEO kann sich der Aufmerksamkeit für seine Person heute noch entziehen. Die Rolle des CEOs definiert sich über sein Publikum. Fehlt dies, fehlt ihm die Autorität. Hat er ein Publikum, teilt er sich über jede Gestik, jede Mimik, jedes Wort und jedes Bild mit, ob er dies will oder nicht. Er kann sich den Erwartungen seines Publikums nicht entziehen. Versucht er dies trotzdem, läuft er Gefahr, von diesem definiert zu werden. In der Folge nehmen Risiken – insbesondere jene der Fremdbestimmung – zu, Handlungsspielräume engen sich dramatisch ein, und nicht selten geht die Deutungshoheit über die eigene Strategie verloren.

Neueste Studien lassen indes hoffen, auch wenn dies erst der Beginn eines Sinneswandels zugunsten der Kommunikation zu sein scheint. Einer im Jahr 2011 erschienenen Erhebung der Personalberatung Egon Zehnder International zufolge erkennen die meisten befragten CEOs zwar den Wert der strategischen Kommunikation zunehmend an. Zur Aufgabenstellung des Chief Communications Officer (CCO) äußern sie sich aber noch recht defensiv. »Es gelte, die Unternehmensführung vor dem Diktat einer schnellgetakteten und höchst anspruchsvollen medialen Öffentlichkeit zu schützen«, schreiben die Autoren.[44] Keine Frage, die Aufgabe des CCOs wird zunehmend aufgewertet werden, die Verantwortlichkeiten werden zunehmen. Eine solche Entwicklung ist zu begrüßen und angesichts der bereits großen Öffentlichkeit der CEO-Position nur konsequent. Dennoch wird der CEO, will er den zahlreichen Erwartungen an seine Person gerecht werden, vermehrt auch selbst kommunikative Aufgaben übernehmen müssen. Die Kunst, ganzheitlich zu kommunizieren und zu überzeugen, wird umso mehr zu einer sehr persönlichen Aufgabe, je mehr sich die Aufmerksamkeit und Sehnsucht nach Stabilität und Sicherheit auf die Person des CEOs fokussieren. Denn Überzeugungskraft kann ebenso wenig wie Autorität, Vertrauen oder Glaubwürdigkeit verliehen, geborgt oder eingeklagt werden. Will der CEO als vertrauens*würdig* und glaub*würdig* gelten, dann kann er die an ihn gerichteten Erwartungen nur noch teilweise delegieren. Kommunikation wird somit nicht nur zu einem äußerst wichtigen, sondern auch zu einem notwendigen Bestandteil der Unternehmensführung.

Empathie und Sozialkompetenz werden zum Werttreiber

Eine solch persönliche Vorstandskommunikation kann jedoch nur dann ihre volle Wirkung entfalten, wenn sie empathisch ist. Selbst die besten Argumente verfehlen ihre Wirkung oder werden als Worthülsen enttarnt, wenn sie nicht verstanden werden beziehungsweise an den jeweiligen Lebenswirklichkeiten der Adressaten vorbeigehen. Wer also überzeugen will, der muss dies im Bewusstsein für die Erwartungen, Motivationen und Bedürfnisse seiner Anspruchsgruppen tun. Dabei geht es nicht darum, allen Erwartungen nachzukommen. Man muss auch nicht alles für alle sein. Es geht vielmehr darum, das eigene Ziel zu vermitteln, Trennendes, aber auch Verbindendes, zu identifizieren und insbesondere Letzteres zu betonen. Ziel ist es, das Verhalten und das Bewusstsein von Mitarbeitern und Kollegen oder auch anderen relevanten Stakeholdern in Richtung eines Joint Ventures von Interessen zu verändern und den Sinn sowie die Bedeutung der gemeinsamen Ziele zu erkennen. Die Beziehung wird zum Kapital, transformationale Führung zum Ziel:

»[...] transformational leadership occurs when the leader stimulates the interests among colleagues and followers to view their work from a new perspective. The transformational leader generates an awareness of the mission or vision of the organization, and develops colleagues and followers to a higher level of ability and potential. In addition, the transformational leader motivates colleagues and followers to look beyond their own interests towards interests that will benefit the group.«[45]

Gelingen kann dies freilich nur dem, der auch zuhört und echtes Interesse zeigt. Wer Verständnis einfordert, der muss auch Verständnis zeigen. Dabei ist ein solches Investment in die Beziehung nicht nur ein Zeichen von Wertschätzung und Respekt, sondern auch der Schlüssel zu einer effektiven Kommunikation. Denn wo die Glaubwürdigkeit nicht infrage gestellt wird, wo ein hohes Maß an Vertrauen und Wohlwollen herrscht, da wird nicht jedes Wort auf die Goldwaage gelegt.[46]

Der CEO als Inszenierung – Die öffentliche Meinung als Urteilsinstanz für den CEO

»Wir wissen sehr genau, dass unsere Unternehmensstrategien ohne Öffentlichkeit und deren Zustimmung kaum erfolgreich durchgesetzt und praktiziert werden können«[47], schrieb bereits 1989 der ehemalige Vorstandssprecher der Deutschen Bank, Alfred Herrhausen. Es gibt heute kaum noch einen Vorstandsvorsitzenden, der Herrhausens Meinung nicht teilen würde. Die Bedeutung der öffentlichen Meinung für das eigene Wirtschaften, die Bewertung des eigenen Handelns oder auch die Ent- beziehungsweise Aufwertung des Aktienkurses kann kaum noch unterschätzt werden. Ist jedoch der persönliche Kontakt zu den eigenen relevanten Stakeholdern eines Unternehmens angesichts der schieren Größe heutiger Unternehmen nur noch selten möglich, gewinnen die Medien als Mittler zwischen der Organisation und der breiteren Öffentlichkeit enorm an Bedeutung. Es sind mediale Bühnen, die Vorstandsvorsitzende nutzen, um Aufmerksamkeit zu erzielen, den eigenen Kurs zu legitimieren oder gar für Unterstützung zu werben. Doch nicht nur gegenüber den eigenen Anspruchsgruppen gewinnen die Medien an Gewicht. Vorbei sind die Zeiten, in denen das unternehmerische Handeln durch einen von allen gesellschaftlichen Gruppen getragenen Grundkonsens legitimiert wurde. Anders als in den Zeiten des wirtschaftlichen Aufschwungs wird heute von jedem Unternehmen erwartet, dass es sein unternehmerisches Handeln gegenüber gesellschaftlichen wie auch wirtschaftlichen Akteuren erklären und legitimieren kann. Die »Licence to Operate« will verdient sein. Ohne die Medien und deren Bühnen« wäre dies nahezu unmöglich.

Und doch fällt die Annäherung zwischen Wirtschaft und Medien noch immer schwer. Man arrangiert sich, bleibt sich im Umgang miteinander jedoch fremd. Insbesondere Vorstandsvorsitzende verfahren hierbei noch häufig nach der Devise »so viel wie nötig, so wenig wie möglich« und verweisen darauf, dass die aufgewertete Rolle des Chief Communication Officers (CCO) die gestiegene Bedeutung der Kommunikation ja bereits adäquat reflektiere. Doch ebenso wenig wie die Vorstandskommunikation zukünftig delegiert werden kann, kann sich der CEO der Erwartungen an seine öffentlichen Rollen erwehren. In Zeiten wachsender Personalisierung ist er es, der als Repräsentant wie kein zweiter das Unternehmen verkörpert.

Es ist jedoch gerade diese Öffentlichkeit der CEO-Rolle, die Vorstandsvorsitzende vor enorme Herausforderungen stellt. Zwar sind nicht wenige CEOs im Umgang mit externen Stakeholdern geübt, und sei es nur der Kontakt zu einzelnen Gruppen wie Kapitalmarktvertretern oder Kunden. Doch nichts in der Aus- und Fortbildung der klassischen Managerkarriere bereitet den angehenden CEO auf die Anforderungen vor, die mit der medialen Inszenierung seiner öffentlichen Person verbunden sind. In der Konsequenz wird die erhöhte Aufmerksamkeit für die eigene Person als belastend empfunden. Als ein Leben unter dem Vergrößerungsglas umschrieb der ehemalige CEO des US-amerikanischen Autobauers General Motors, Richard Wagoner, seine Rolle.[48] Nicht wenige Vorstandsvorsitzende finden diesen Vergleich treffend.

Doch ähnlich wie bei der Kommunikation ist Rückzug auch hier keine Alternative mehr. CEOs werden lernen müssen, mit dem gestiegenen Interesse an ihrer Person umzugehen und den daraus erwachsenden Verpflichtungen nachzukommen.

Die Medien und deren Wirkungsweise zu verstehen ist unabdingbar. Was genau bedeutet also Medienwirklichkeit? Und was impliziert die »Inszenierung« der eigenen Rolle?

Eine kurze Erzählung des Publizisten Hans Thomas soll Aufschluss geben. Der Autor berichtet von einem Schulausflug nach Bonn: »Der Sohn eines Freundes sieht den leibhaftigen Bundeskanzler. Der Junge – an ein intensives Fernsehprogramm gewöhnt – berichtet den Eltern, er, der Bundeskanzler, sei aber nicht so gewesen, wie er wirklich sei.«[49] Lediglich eine kindlich-naive Fehlinterpretation? Keineswegs. Im persönlichen Gespräch kommt die Kommunikation zu ihrer vollen Geltung. Man erkennt sein Gegenüber und kann sich auf dieses einstellen. In der Konversation, im ständigen Wechsel der Worte, gelingt die Abstimmung. Grauzonen und Missverständnisse sind erlaubt, da man die Wirkung der eigenen Kommunikation unmittelbar erfährt und dementsprechend überprüfen kann. Ist die Beziehung im beiderseitigen Interesse erst definiert, tragen auch Wohlwollen und Nachsicht zum Gelingen der Kommunikation bei.

Anders verhält es sich jedoch in der medialen Darstellung. Fehlt dem Darsteller vor der Kamera oder dem Mikrofon sein konkretes Gegenüber, ist er geradezu gezwungen, sich und seine Rolle zu inszenieren. Ebenso wie der Bundeskanzler in Hans Thomas' Erzählung die verdichtete Rolle des Bundeskanzlers spielen muss, zwingt die distanzlose Darstellung den Protagonisten dazu, Grauzonen und alles Missverständliche zu meiden. Wahrheit und Wirklichkeit werden verdichtet, zugespitzt und inszeniert. In der Folge wirke die mediale Wirklichkeit nicht selten »realer als real«: »So viel Wahrheit, wie in der Zeitung steht, gibt es überhaupt nicht«, zitiert Thomas einen Freund.

Ganz ohne Anhaltspunkte jedoch kann auch die mediale Kommunikation nicht funktionieren. Wie sollen die Darsteller auch wissen, ob ihre Nachricht überhaupt verstanden wird beziehungsweise den gewünschten Effekt erzielt, wenn das konkrete Gegenüber fehlt? Hier kommt neben der Inszenierung ein weiterer wesentlicher Bestandteil der Medienwirklichkeit zum Tragen: die öffentliche Meinung. Diese gilt es nicht nur zu kennen, will man seinen Einfluss auf diese geltend machen. Vielmehr sollte man sich des Einflusses bewusst sein, den diese auf das eigene Bild in der Öffentlichkeit hat. »All governments rest on opinion«, gab schon James Madison, einer der Gründungsväter der USA, zu Protokoll. In der Politik ist diese Erkenntnis längst zum Mantra geworden. Die eigentlichen Inhalte oder Personen treten hier meist zurück hinter die Fähigkeit, mehr oder weniger virtuos auf der Medienklaviatur zu spielen, um eben diese öffentliche Meinung für sich und die eigenen Ziele einzunehmen.

Werden auch die Wirtschaft und insbesondere deren Protagonisten – allen voran die CEOs – immer öffentlicher, können Letztere sich der öffentlichen Meinung nicht mehr entziehen. In der Rolle des CEOs findet auch keine Unterscheidung mehr statt zwischen der Person des Vorstandsvorsitzenden und dessen Funktion. In seiner verdichteten Darstellung ist der CEO in seiner Rolle für den Beobachter keineswegs mehr nur das Gesicht des Unternehmens – er *ist* das Unternehmen und verkörpert all dessen Probleme, Erfolge, Misserfolge. Die öffentliche Meinung wird somit zur bedeutendsten »Urteilsinstanz der Reputation«, wie es Herrhausen zu formulieren wusste: »Die Inszenierung von Wirklichkeit, die den Alltag der Medienwelt ausmacht [...] zwingt jedermann zur Selbstdarstellung. Es sind Rollen, die da gespielt werden, weil eine zuschauende und zuhörende Öffentlichkeit dies erwartet.«[50] Mit dieser Erkenntnis ist also auch die Erwartung verknüpft, dass das eigene Verhalten sowie die eigenen Entscheidungen immer im Sinne dieser Urteilsinstanz sein mögen. Bleibt die Komplexität, die immer verbunden ist mit der Führung eines großen Unternehmens, hinter der verdichteten Rolle zurück, werden Ausnahmen – auch gerechtfertigte – kaum geduldet.

Sinnbildlich für eine solche Entwicklung ist die öffentliche Bewertung der Möglichkeiten, Verantwortungen und Verpflichtungen, die sich aus der herausragenden Position des Vorstandsvorsitzes ergibt. Denkt man an Vorstandsvorsitzende, so errichtet sich für weite Teile der Öffentlichkeit vor deren geistigem Auge fast zwangsläufig eine Pyramide. Als Sinnbild der uns bekannten Organisation erkennt man den großen Unterbau sowie die zahlreichen sich nach oben hin verjüngenden Ebenen des Mittel-Managements. Und ganz oben, an der Spitze, thront unangefochten der CEO.

Dieses Bild eines allmächtigen CEOs, der allein durch seine Position an der Spitze einer Pyramide über Weitblick und Autorität verfügt, mag den tatsächlichen Möglichkeiten und Limitationen dieser Position nicht gerecht werden. Und doch nährt und definiert dieses einfache Bild die Erwartungen, die an den Rolleninhaber gerichtet werden. Wer glaubt, Vorstandsvorsitzende seien allmächtige Entscheider, der wird allerlei Erwartungen an diese richten, teils berechtigt, teils überhöht, teils unrealistisch. Und in dem Maße, in dem einstmals klare Unternehmensgrenzen verwischen, vertikale Kommandoketten horizontalen Netzwerk- und Beziehungsstrukturen weichen und soziale Themen immer tiefer in die Organisation eindringen, nehmen die an diesen adressierten Erwartungen noch zu.

Sind die übernommene Rolle und deren Funktion indes nicht mehr von der eigenen Person zu trennen, ist auch die eigene Reputation den Gesetzmäßigkeiten der Medienwirklichkeit unterworfen. Nicht selten beklagen sich CEOs, sie würden durch generelle Vorurteile, die der öffentlichen Rolle des CEOs anhaften, in Geiselhaft genommen.

So sah sich Alfred Herrhausen zum Ende eines Journalistengespräches einst zu der Bemerkung veranlasst: »Sie können sich offenbar gar nicht vorstellen, dass ein Mensch in meiner Position nicht machtbesessen, nicht konspirativ, maßlos ehrgeizig, geld- und ämtergierig, publizitätssüchtig ist – um schlimmere Epitheta beiseite zu lassen.« Die Antwort des Journalisten: »Das kann ich mir in der Tat nicht vorstellen.«[51] In Zeiten, in denen das Bankensystem wieder einmal im Fokus des öffentlichen Interesses steht, wird diese Bemerkung nicht wenigen Vertretern der eigenen Zunft fremd vorkommen.

Neben den zuvor beschriebenen Herausforderungen, die mit dem Schritt zum CEO verbunden sind, stellt die Auseinandersetzung mit der Medienwirklichkeit den gewaltigsten Schritt für Topmanager und designierte CEOs dar. Sowohl die Verdichtung der Wirklichkeit als auch die Anerkennung der öffentlichen Meinung als weitgehende Urteilsinstanz für die eigene Reputation sind insbesondere für prozess-, ergebnis- und faktenorientierte Manager ein Graus. Wächst im Zuge steigender Veränderungsgeschwindigkeit und Komplexität jedoch auch die öffentliche Bedeutung des CEOs, werden sich designierte Vorstandsvorsitzende eben dieser Herausforderung nicht mehr entziehen können.

Die Definition der eigenen Rolle: Der CEO-Navigator

Führung ist Kommunikation. Seien es jedoch ihre sinnstiftende und wirklichkeitsschaffende Wirkung im Rahmen der Strategie, ihre überzeugende und gewinnende Kraft gegenüber Mitarbeitern, Investoren und anderen Anspruchsgruppen oder einfach nur ihr mitteilender Charakter, der Eigenverantwortung und Selbstorganisation erst möglich macht – die Kommunikation kann ihre volle Kraft nur entfalten, wenn ihr mediale Bühnen zur Verfügung stehen. Denn während, getragen durch den Trend der medialen Personalisierung, die strategische Bedeutung der Vorstandskommunikation ständig wächst, ist der persönliche Kontakt zu unternehmensrelevanten Anspruchsgruppen im Kontext multinational agierender Konzerne nur noch sehr bedingt möglich.

Topmanager und Vorstände erkennen vor dem Hintergrund eines wachsenden öffentlichen Interesses an wirtschaftlichen Themen zwar auch die Bedeutung der Kommunikation zunehmend an. Da sie die Wirkung der eigenen Kommunikation aber noch immer häufig unterschätzen, scheitern nicht wenige an einer mangelnden Kenntnis der Wirkungsweisen und Dynamiken der Kommunikation. Andererseits hält man sich aus Angst vor öffentlichen Patzern nicht selten zurück, nicht ahnend, dass auch die Zurückhaltung bereits bewertet und analysiert wird. In der Rolle des CEOs kann es nicht mehr gelingen, *nicht* zu kommunizieren, dafür sind die öffentlichen Erwartungen an diesen zu groß.

Die enorme Bedeutung der Vorstandskommunikation erfordert es also, die Rolle des CEOs und die zahlreichen Erwartungen, die in diese gesetzt werden, ernst zu nehmen. Und sie erfordert die Bereitschaft, sich in dieser Rolle bewusst zu inszenieren, um auch in einer weitgehend distanzlosen Öffentlichkeit verstanden und den Erwartungen der öffentlichen Meinung als Urteilsinstanz gerecht werden zu können. Unter Managern und CEOs stößt aber gerade dies häufig auf Ablehnung. Man wolle sich nicht darstellen, sich verbiegen oder gar schauspielern. Authentizität und Integrität gelten als höhere Güter als die Inszenierung und Darstellung. Der häufig geäußerte Wunsch: Man will so bleiben, wie man ist.

Dabei ist der scheinbare Widerspruch zwischen Authentizität auf der einen und der Notwendigkeit zur Inszenierung auf der anderen Seite weitgehend ein konstruierter. Auch wenn dies beizeiten von Experten gefordert wird, müssen CEOs keineswegs Schauspieler sein. Auch Forderungen nach einer wie auch immer konstruierten »Marke CEO« sind überzogen.

Ein Blick auf die Bedeutung der Rolle, deren Definition oder Funktionsweise in der Leadership-Literatur interessanterweise kaum thematisiert werden, soll dies verdeutlichen. Exemplarisch für unsere Überlegungen sind die Erkenntnisse des Soziologen Robert K. Merton. Dieser beschäftigte sich intensiv mit der Rolle, die wir Menschen im sozialen Kontext ausfüllen. Merton vertritt die Theorie, dass zu jeder sozialen Position eine Reihe von Rollen gehöre, die er als Rollen-Set bezeichnet. Alle Rollen zusammen formen ein integriertes Ganzes. Ausgangspunkt ist die Vorstellung, dass alle Menschen unterschiedliche Rollen leben – so zum Beispiel die des Freundes oder Ehemanns –, die in einem großen Ganzen (oder in der Terminologie der Psychologie: einer *Gestalt*) aufgehen. Das Entscheidende: Keine der Rollen kann dem Ganzen entzogen werden, ohne dieses zu beschädigen. Weder stehen sie in Konkurrenz zueinander noch gilt es, eine Rolle der nächsten vorzuziehen. Sie repräsentieren nicht unterschiedliche Personen, sondern eine integrative Gestalt.

Immer wieder übernehmen wir dabei im Laufe unseres Lebens neue Rollen. So zum Beispiel die des Vaters/der Mutter oder auch des Chefs. Übernehmen wir diese Rollen zum ersten Mal, sehen wir uns immer auch mit bestimmten Erwartungen konfrontiert, die an diese Rollen geknüpft sind. Meist akzeptieren wir diese Erwartungen und passen unser Verhalten mit Übernahme der Rolle entsprechend an. Da solche Rollenerwartungen in aller Regel begrenzt sind und wir Zeit haben, in die neuen Rollen hineinzuwachsen, sind wir uns dessen jedoch nicht immer bewusst.

Mit der Rolle des CEOs verhält es sich zunächst ähnlich. Auch hier sehen sich Topmanager mit Erwartungen konfrontiert, die eng mit dem öffentlichen Rollenverständnisses des Vorstandsvorsitzes verbunden sind. Wären diese begrenzt, könnte man auch hier davon ausgehen, dass sich das Rollenverhalten entsprechend der Erwartungen im Laufe der Zeit anpassen würde.

Doch sie sind nicht begrenzt. Auch haben CEOs keine Zeit mehr, in ihre Rolle hineinzuwachsen. Von Stunde null an sieht man sich vielmehr konfrontiert mit einer ganzen Reihe von Rollenerwartungen, die die Führungsrolle des Vorstandsvorsitzenden definieren. Als Visionär muss der Vorstandsvorsitzende begeistern, als Teamplayer Raum für Talententwicklung geben, als Bewahrer die Interessen des Unternehmens vertreten und Traditionen pflegen, als Manager und Taktiker zieldienliche Rahmenbedingungen setzen, als Stratege über erreichbare Ziele und gangbare Wege entscheiden, als Unternehmenslenker Vertrauen wecken und Sicherheit ausstrahlen, als Change Agent die Innovationsfähigkeit des Unternehmens absichern und als Corporate Citizen sozial und ökologisch handeln.

Auch wenn es komplex und vielleicht überzogen erscheinen mag, all dies sind Erwartungen der öffentlichen Meinung – also interner wie auch externer Stakeholder – und somit Erwartungen der »Urteilsinstanz« für die eigene Reputation. Lassen sich Erwartungen nicht ignorieren, gilt es einen Kompromiss zu finden zwischen dem eigenen und dem öffentlichen Rollenverständnis. Wie im normalen Leben auch, bedeutet ein solcher Kompromiss keineswegs den Verlust der Authentizität. Im Gegenteil kann es gar gelingen, in der öffentlichen Wahrnehmung als besonders authentisch zu wirken, wenn man die Rolle des CEOs mit eigenen Akzenten versieht. Auch muss man keineswegs alle Erwartungen, die in die Rolle gesetzt werden, erfüllen. Lehnt man beispielsweise bestimmte Rollenerwartungen, die nicht zwingend zur Zielerreichung notwendig sind, bewusst ab, dann kann man hier durchaus »Kante« zeigen. Dies muss aber immer im Bewusstsein für die öffentlichen Erwartungen in die eigene Rolle geschehen.

So war der ehemalige Vorstandsvorsitzende der Deutschen Bank, Josef Ackermann, zu Beginn des Mannesmann-Prozesses, als er die Hand zur vielzitierten und -kritisierten Victory-Geste formte, für seine Art durchaus authentisch. In der Rolle des CEOs und im Kontext der Gerichtsatmosphäre war diese Geste jedoch unangebracht. Die Schäden für die Reputation des Unternehmens wie auch der eigenen Person sind bekannt. Andererseits darf den Erwartungen nicht blind entsprochen werden, wenn es nicht gelingen kann, diese anhand bestimmter Charakter- oder Persönlichkeitsmerkmale glaubhaft mit Leben zu füllen. So rief der als knallharter Stratege und Rationalist bekannte Deutschland-Chef der US-amerikanischen Investmentbank Goldman Sachs, Alexander Dibelius, angesichts der öffentlichen Entrüstung über die Exzesse und Mitschuld der Investmentbanken an der weltweiten Finanz- und Wirtschaftskrise in einem Interview mit dem *Spiegel* zur »kollektiven Demut« seiner Branche auf.[52] In der Sache hatte Dibelius sicher recht. Auch spiegelte seine Einlassung perfekt das Stimmungsbild der damaligen öffentlichen Meinung wider. Und doch verfehlte das Interview sein Ziel, ja verkehrte sich sogar ins Gegenteil. Dibelius, der in der öffentlichen Wahrnehmung als Prototyp des eigennützigen und profitgierigen Investmentbankers galt und als gewichtiger Akteur seiner Branche mitverantwortlich gemacht wurde für die Krise, konnte die Forderung nach kollektiver Demut einfach nicht glaubhaft transportieren. Zu sehr stand diese Forderung im Widerspruch zu seinen früheren Einlassungen und dem Bild, das er noch vor der Krise gepflegt hatte.

Die größte Herausforderung ist es demnach, einen Kompromiss zu finden zwischen den Anforderungen und Erwartungen, die an die neue Rolle des CEOs geknüpft sind, und dem eigenen Persönlichkeitsprofil. Es geht also nicht um Schauspielerei oder die wie auch immer geartete Pflege eines konstruierten Markenmythos. Es geht um das Wissen der zu schließenden Kompromisse und um das Bewusstsein für die eigene Rollendefinition und den Abgleich derselben mit den Rollenerwartungen der öffentlichen Meinung. Wichtig dabei: Man muss, ja man kann also gar nicht alles für alle sein. Was zählt, ist, dass man sich den in die eigene Person gesetzten Rollenerwartungen bewusst ist, diese respektiert und auf Basis der eigenen Rollendefinition notwendige Ausfallschritte authentisch und überzeugend erklären kann.

»Das Ziel der Kommunikation kann nicht lauten, alle Zuhörer zufriedenzustellen. Es geht vielmehr darum, Entscheidungen und deren Hintergründe so zu vermitteln, dass sie für andere überzeugend und nachvollziehbar werden. Auch wenn man sich dafür in die öffentliche Kritik stellen muss«, schreibt Burkhard Schwenker.[53]

Nur so kann es gelingen, verstanden zu werden und als glaub- wie auch vertrauenswürdig wahrgenommen zu werden. Wie wichtig dies ist, belegen die Ergebnisse einer im Oktober 2011 veröffentlichten Untersuchung der Unternehmensberatung Oliver Wyman. Diese untersuchte die Dynamiken und Erfolgsfaktoren von Veränderungsprozessen bei 60 DAX-, MDAX-, und TechDAX-Unternehmen. Das Ergebnis: Nichts ist für den Erfolg von Veränderungsprozessen wichtiger als die Glaubwürdigkeit des CEOs.[54]

Doch auch hier scheint die »Vorbereitungslücke« ihre Spuren zu hinterlassen, wie die Ergebnisse des Anfang 2012 veröffentlichten Edelman-Global-Trust-Barometers zeigen. Die Glaubwürdigkeit europäischer CEOs sei auf einen historischen Tiefststand gefallen, heißt es dort. Zusammen mit Finanzanalysten und Regierungsvertretern bilden diese mit gerade einmal 21 Prozent in puncto Glaubwürdigkeit gar das klare Schlusslicht der Glaubwürdigkeitsskala.[55] Der Grund: CEOs würden die in sie gesetzten Erwartungen konsequent enttäuschen. Sowohl in gesellschaftlichen als auch unternehmensinternehmen Fragen seien die Diskrepanzen zwischen der öffentlichen Erwartungshaltung und der tatsächlich wahrgenommenen Leistung enorm, schreiben die Autoren.

Es ist also keinesfalls die Kommunikation allein, die über Erfolg und Misserfolg entscheidet. Es ist die Rolle, in der alle bisher dargestellten Elemente moderner Führung kulminieren. Denn so unbestritten der strategische Wert der Kommunikation für die moderne Unternehmensführung und die Reputation des CEOs auch ist, selbst die beste Kommunikation und die überzeugendsten Argumente verfehlen ihre Wirkung oder wirken bisweilen grotesk, wenn der Träger der CEO-Rollen deren Erwartungen nicht gerecht wird.

Kapitel 2
Auf dem Weg zum CEO-Navigator

»Der Mensch, der Hauptakteur auf der Bühne des Lebens [...],
kann seine Geschichte nicht spielen ohne seine Mitspieler,
die ihm seine Rolle zugestehen.«

Walter Schmidt

Alan G. Lafley hatte viel Zeit, um sich auf diesen Moment vorzubereiten. Als er sich am Abend des 10. Juni 2000 kurze Zeit nach seiner Ernennung zum neuen CEO des amerikanischen Traditionskonzerns Procter & Gamble (P&G) der wartenden Presse stellte, war dies der vorläufige Höhepunkt einer Karriere, die im Sommer 1977 in der Marketingabteilung des Konzerns ihren Anfang nahm. Lafley galt als typischer »Proctoid«, einer jener Manager, die das Unternehmen von klein auf kennengelernt und sich über zahlreiche Führungsaufgaben im Aus- und Inland für Höheres empfohlen hatten. Zuletzt hatte er die Verantwortung für das strategisch wichtige Nordamerika-Geschäft. Lafley wusste, dass der Traditionskonzern einiges an Glanz eingebüßt hatte. Große Innovationen, das Markenzeichen des Unternehmens, blieben aus. Und in einem zunehmend durch aggressiven Wettbewerb gekennzeichneten Markt schien es P&G nur schwer zu gelingen, sich den veränderten Rahmenbedingungen anzupassen. Ebenso wie sein Vorgänger, Durk Jager, erkannte Lafley die Notwendigkeit einer Restrukturierung. Doch anders als Jager wusste er, dass eine solche Transformation nicht gegen die stark ausgeprägte Unternehmenskultur gelingen könne. Jager hatte nach nur 17 Monaten gehen müssen. Zu schnell hatte er versucht, das Unternehmen zu ändern. Galt Lafley für viele schon vor Jager als der perfekte Kandidat, schien dessen Zeit nun gekommen zu sein.

Und so trat A. G. Lafley an jenem Abend des 10. Juni 2000, fast auf den Tag genau 23 Jahre nach seinem ersten Arbeitstag bei P&G, erstmals vor die wartenden Journalisten, nur um festzustellen, dass doch alles ganz anders war, als er es erwartet hatte:

»At 6:00 PM on my first day as CEO, I stood in a TV studio, a deer in the headlights, being grilled about what had gone wrong and how we were going to fix it. Everyone was looking to me for answers, but the truth was that I did not yet know what it would take to get P&G back on track. Welcome to the job of CEO – a job I'd never done before.«[56]

Vorbereitung ist alles

Stellen Sie sich folgende Situation vor: Sie haben bisher alles richtig gemacht. Sie haben bewiesen, dass Sie ein exzellenter Manager sind. Ihre kognitiven Fähigkeiten konnten Sie auf Ihrem Weg nach oben mehrfach unter Beweis stellen. Sie haben gelernt, im Team zu arbeiten, und verstehen Ihr Geschäft wie kein anderer. Und so empfinden Sie es durchaus auch als konsequent, als man Sie für den Vorstandsvorsitz empfiehlt. Sie freuen sich auf die neue Verantwortung, allerdings bleibt Ihnen nicht viel Zeit, um sich vorzubereiten. Aber was soll schon schiefgehen, denken Sie sich. Und als der Tag der Staffelübergabe kommt, zeigen Sie sich siegessicher – nur um bereits kurze Zeit später festzustellen, dass sich die bisherige Ruhe als jene sprichwörtliche Ruhe vor dem Sturm erweist. Plötzlich stoßen Sie mit den Fähigkeiten, die Ihnen den Weg an die Spitze geebnet haben, an Grenzen – an Grenzen, von denen Sie nicht einmal gewusst hatten, dass es sie gibt. Sie machen Fehler, enttäuschen Erwartungen. Ihnen droht die Kontrolle zu entgleiten. Sie fühlen sich getrieben, kaum fähig, eigene Akzente zu setzen oder Luft zu holen. Und ehe Sie sich's versehen, zieht die Öffentlichkeit Bilanz.

Auch wenn diese Vorstellung fiktiv ist, kaum ein Vorstandsvorsitzender hat nicht zumindest Teile davon erlebt. Die Kommunikationsexpertin Leslie Gaines-Ross hat für ihr Buch *CEO Capital* zahlreiche Unternehmenschefs interviewt und kommt zu einem eindeutigen Ergebnis: »The new CEO will undoubtedly feel as if he or she has been slammed with hurricane-strength winds, especially the CEO who is occupying the chief executive's seat for the first time. So shocking is the difference between being a mere senior executive and being the executive in chief.«[57]

Gerald M. Levin, einstiger Vorstandsvorsitzender des damaligen Medienkonzerns AOL Time Warner, machte ähnliche Erfahrungen: »There is no training to be a CEO; it's an extraordinary thing.«[58] Wer meint, der Posten des Vorstandsvorsitzenden sei lediglich ein weiterer, besser dotierter Managementposten, irrt gewaltig. Exzellente kognitive Fähigkeiten und eine zweifelsfrei bewiesene Kompetenz mögen den CEO an die Spitze des Unternehmens gebracht haben. Einmal dort angekommen, fühlen sich viele der Unternehmenslenker jedoch überwältigt von den Erwartungen und dem Interesse an ihrer Person.

Vorsicht vor der 100-Tage-Regel

Zwar gibt es nach wie vor eine Schonfrist in Form der 100-Tage-Regel. Aber auch diese hat Grenzen. Wer sich noch in Zurückhaltung übt, verhindert nicht, dass von Stunde null an jede Mimik, jede Gestik, jede Aussage beobachtet, analysiert und bewertet wird. In der Tat gibt es zahlreiche Gründe, sich nicht allzu sehr auf die 100-Tage-Schonfrist zu verlassen.

Erstmals erwähnt wird die 100-Tage-Regel in Zusammenhang mit dem US-Präsidenten Franklin Delano Roosevelt, der 1933 inmitten einer schweren Wirtschaftskrise die Amtsgeschäfte von Herbert Hoover übernahm. Roosevelt erkannte, dass es insbesondere die Unentschlossenheit Hoovers gewesen war, die das Vertrauen in die Leistungsfähigkeit und Gesundung der US-Wirtschaft gefährdet hatte. Dementsprechend entschlossen gelang es Roosevelt innerhalb von nur 100 Tagen, wesentliche Reformen seines »New Deal« zu beschließen und umzusetzen.

Der Erfolg war ebenso durchschlagend wie beeindruckend – das Symbol der »100 Tage« war geboren.

So sehr sich die Zeiten seit 1933 auch geändert haben, die 100-Tage-Regel hält sich hartnäckig. Zweifellos verdienen Roosevelts Leistungen auch 80 Jahre nach dem New Deal Anerkennung. Ohne seine überwältigende Popularität und die nahezu unbedingte überparteiliche Unterstützung in einer für die Nation bedrohlichen Lage wären seine schnellen Reformen nicht möglich gewesen. Wie anders stellt sich dagegen die Realität für frischgebackene CEOs dar.

Nun mag man an Sinn und Berechtigung der 100-Tage-Regel zweifeln, ihr medialer Reiz ist unbestritten, und somit werden sich CEOs auf unbestimmte Zeit an dieser messen lassen müssen. Lässt sich an der Regel also nicht rütteln, dann liegt es nahe, dass die Vorbereitung auf den Amtsantritt – der »Countdown« – an Gewicht gewinnt.

Und dies keineswegs nur, um das eigene Geschäft ausreichend kennenzulernen. Seien es Mitarbeiter, Investoren oder andere externe Stakeholder, sie alle werden schon bald Ideen oder Akzente des Neuen einfordern, ganz zu schweigen von strategischen Eckpunkten. Womit wird zu rechnen sein? Und wofür steht der Neue – Kontinuität, Evolution oder gar Revolution?

Selbstverständlich sind die Erwartungen immer auch abhängig von den Zielen des CEOs und der jeweiligen Situation des Unternehmens. In geordneten Übergabeprozessen, in denen Vorgänger und Nachfolger gemeinsam für Kontinuität werben, werden die Erwartungen sicherlich andere sein als in einem dramatischen Restrukturierungsprozess. Dennoch wird die Öffentlichkeit unverzüglich beginnen, über Strategien und Zukunftsideen des neuen CEOs zu spekulieren. Wer die Ruhe vor dem Sturm also zu nutzen weiß, um das eigene Geschäft ausgiebig kennenzulernen und bereits erste Ideen und Strategieentwürfe zu entwickeln, der wird den ersten Tagen seiner Amtszeit entspannter entgegensehen können als jemand, der dies nicht getan hat.

Überzeugen wird zur Chefsache

Doch wer glaubt, dass die Arbeit damit bereits getan sei, der wird häufig eines Besseren belehrt. Eine an der Sache und der jeweiligen Situation des Unternehmens orientierte Vorbereitung ist zweifelsohne wichtig, jedoch kaum ausreichend. Denn noch immer scheitern auch solche Vorstandsvorsitzende an ihrem neuen Amt, die zuvor über Jahre ihre

Kompetenz als Manager im eigenen Unternehmen oder zumindest in der gleichen Branche bewiesen haben.

Ein Grund hierfür ist die erheblich gesteigerte Bedeutung sozialer Kompetenzen, oder auch *soft skills,* an der Unternehmensspitze. Wie wir bereits angedeutet haben, tragen diese oftmals auch als »weiche« Faktoren umschriebenen Fähigkeiten entscheidend dazu bei, dass der CEO seine Agenda, seine Strategien und Visionen überzeugend vertreten und für die Umsetzung derselben werben kann. Es sind also keineswegs nur die analytischen, sondern vielmehr auch die emotionalen, kulturellen und gesellschaftlichen Fähigkeiten, die erfolgreiche CEOs auszeichnen.[59] Ebenso wenig wie der Verweis auf reine Fakten zu inspirieren oder Motivationen anzusprechen vermag, reicht fachliche Kompetenz heute nicht mehr aus, um dem CEO-Anforderungsprofil gerecht zu werden. Gefragt sind nicht mehr nur prozessorientierte Manager. Weil es auch darum geht, Visionen zu entwerfen, strategische Weichenstellungen vorzunehmen oder sich der gesellschaftlichen Verantwortung des eigenen Handelns zu stellen, gewinnen vielmehr weitere, vermeintlich »weiche« Rollen – wie zum Beispiel jene des Sinn-Stifters oder des Corporate Citizen – an Gewicht.

Dass dieser Rollen- wie auch Aufgabenvielfalt zumindest in der Vorbereitung designierter CEOs bisher keine große Bedeutung zukommt, spiegelt sich nirgendwo deutlicher wider als in der Sprache der Vorstandskommunikation.[60] Fast ausschließlich fokussiert sich diese noch immer auf das *Was?* der kommenden Amtszeit des CEOs. Welche Zielsetzungen stehen im Vordergrund? Welche Strategien werden erarbeitet? Wo sollen welche Akzente gesetzt werden? Und welche Überschrift soll die Amtszeit tragen?

Eine solche Reduktion der Kommunikation allein auf den inhaltlichen Teil – das *Was?* – ist nicht mehr erfolgversprechend. Wie wir in Kapitel 4 näher darlegen werden, ist es hilfreich, sich die Kommunikation als Eisberg vorzustellen. Jener Teil, der über dem Wasser liegt, entspricht der Sachaussage. Der weitaus größere Teil der Kommunikation liegt gleichsam unter der Wasseroberfläche unserer Wahrnehmung: Neben nonverbalen Botschaften gehört dazu die Art und Weise, *wie* wir kommunizieren. Wer überzeugen will, muss folglich auch diese

Aspekte bewusst in sein kommunikatives Handeln einbeziehen. Denn das *Wie?* der Kommunikation – der unsichtbare Teil des Eisberges – trägt wesentlich mehr zur Überzeugung bei als das *Was?* – die verbale Aussage. Wie kann es gelingen, alle Stakeholder von meinen Plänen zu überzeugen, die mitwirken müssen, wenn meine Strategie aufgehen soll? Wie kann ich – auch über das eigene Verhalten sowie die Definition der eigenen Rolle – mögliche Widerstände effektiv abbauen und die Motivationen der Mitarbeiter ansprechen, damit aus meinen Zielen unsere gemeinsamen Ziele werden? Und wie kann ich sicherstellen, dass meine Pläne effektiv umgesetzt werden? Wer sich diesen Fragestellungen erst nähert, wenn das Rampenlicht bereits heißer und heller als üblich brennt, der wird kaum mehr überzeugende Antworten finden können.

Dabei liegt der Vorteil einer guten Vorbereitung auf der Hand: Wer sich neben dem *Was?* auch auf das *Wie?* vorbereitet, der wird insbesondere dann im Vorteil sein, wenn das *Was?* aufgrund äußerer und situativer Faktoren einer Anpassung bedarf.

Wie Sie kommunizieren und wie sehr Sie persönlich überzeugen, wird demnach in Zukunft maßgeblich über den Umsetzungserfolg oder -misserfolg der eigenen Strategien und Ziele entscheiden.

Überzeugung durch Kommunikation

Peter Záboji, Professor of Entrepreneurship an der französischen Managementhochschule INSEAD und ehemaliger Vorstandsvorsitzender des Telekommunikationsdienstleisters Tenovis, stellte vor zehn Jahren fest: »Moderne Führung besteht in erster Linie aus Kommunikation.«[61] Praktisch umgesetzt werde das allerdings noch zu selten. So gehöre die strategische Kommunikation noch immer »zu den am meisten vernachlässigten Stellschrauben zur Sicherung der Zukunftsfähigkeit eines Unternehmens.«

Weil Kommunikation traditionell als etwas Weiches, als *soft factor,* galt, wurde ihr in der Sozialisation und Ausbildung von Managern bisher nur wenig Aufmerksamkeit zuteil. So wurde die externe Kommunikation auf Medienarbeit reduziert, immer verbunden mit der Erwartung, der Kommunikationsverantwortliche möge dem CEO den Rücken freihalten. Noch in den obersten Führungsetagen gilt: Topmanager machen genau das: managen. Und managen kann man nur das, was quantitativ messbar ist. Kommunikation hat sich dem unterzuordnen. Ihr strategisches Potenzial bleibt weitgehend unerkannt.

Die Realität sieht freilich anders aus. Zwar erkennen CEOs zunehmend, dass sie in ihrer Rolle auch zu einer Projektionsfläche zahlreicher und unterschiedlichster Erwartungen werden. Auch beginnt sich die Einsicht durchzusetzen, dass sich Führung zukünftig breiter definieren muss als Management. Dass es jedoch insbesondere die Kommunikation ist, die dabei zur wichtigsten strategischen Ressource im Arsenal des CEOs wird, das wird noch immer unterschätzt. Nicht selten liegt dies auch daran, dass sich ein gering ausgeprägtes Verständnis für die Dynamiken und Wirkungsweisen der Kommunikation meist erst dann negativ auswirkt, wenn ein CEO bereits im Rampenlicht steht. In einer kürzlich durch die Personalberatung Egon Zehnder International durchgeführten Befragung gaben die meisten der befragten DAX- und MDAX-CEOs konsequenterweise an, sie hätten die Kommunikation, also jenes »Terrain, auf dem sich auch ihre persönliche Außendarstellung entscheidet, erst mit ihrem Amt« kennengelernt.[62] Die Kommunikationsanforderungen, die sich aus ihrer Position ergeben, würden als »überraschend hoch« empfunden, und dies sowohl hinsichtlich des öffentlichen Interesses an ihrer Person als auch der Komplexität sowie des zeitlichen Aufwands. Insgesamt gibt die klare Mehrheit der Befragten an, sie sei durch ihre vorherigen Aufgaben und Funktionen nicht systematisch und ausreichend auf die Kommunikationsanforderungen als Vorstandsvorsitzende vorbereitet geworden.[63]

Wer sich in der trügerischen Hoffnung wiegt, dass rasche Fortschritte an der Front der *hard facts* bereits Ausweis guter Führung sind, läuft Gefahr, für die mangelnde Vorbereitung auf die kommunikativen Aufgaben des CEOs mit Fehlern zu bezahlen, die nicht nur für negatives Aufsehen sorgen, sondern die Erreichung von persönlichen wie Unternehmenszielen gefährden können.[64] Wer jedoch im Bewusstsein seiner Stakeholder überzeugend zu kommunizieren weiß, der erkennt den Wert des Eisberges auch unterhalb der Wasseroberfläche. Schließlich kommt es in den ersten Tagen als Vorstandsvorsitzender insbesondere auch darauf an, Beziehungen und Kontakte zu knüpfen. In diesem Zusammenhang werden kommunikative Fertigkeiten zum strategischen Erfolgsfaktor. Denn das *Wie?* der Kommunikation definiert Beziehungen, während das *Was?* über den Inhalt der Strategie informiert.

Darüber hinaus gewinnt die Kommunikationsfähigkeit von CEOs auch deshalb an Bedeutung, weil sich die Grenzen zwischen dem Innen und dem Außen von Unternehmen zusehends auflösen. Die für das Überleben in der globalen und digitalen Welt erforderliche Flexibilität und Innovationsfähigkeit wird zunehmend durch die Netzwerkorganisation gewonnen. Diese stellt jedoch höhere Ansprüche an die Kommunikation als traditionelle Organisationsformen.

Nirgendwo sonst wird dies deutlicher als im Verweis auf das durch den Erfolg der Netzwerkorganisation notwendig gewordene, erneuerte Führungsverständnis. Führung definiert sich hier keineswegs mehr nur nach unten (Hierarchie, zum Beispiel Mitarbeiter) und zur Seite (horizontale Kooperationsstrukturen, zum Beispiel strategische Partner), sondern immer mehr auch nach oben (Aufsichtsrat, Eigentümerfamilien et cetera). Die gängigen Führungsideale, die stark zwischen oben und unten unterscheiden, werden dem nicht gerecht. Zwar war die Verständigung mit dem Aufsichtsrat schon immer wichtig: *Get to know the people who can fire you* lautet ein Rat, den mancher CEO von seinem Vorgänger gehört hat. Dessen Bedeutung hat aber in den letzten Jahren und im Zuge der Finanzkrise stetig zugenommen. Wie sehr, das schilderte das *Handelsblatt* im November 2011: »Die globale Finanzkrise ist in den Konzernen angekommen. Immer mehr Vorstände scheitern an einer zu komplexen Konzernwelt und nervösen Aufsichtsgremien.«[65] Insbesondere Letztere würden ihre Kontrollfunktion unter dem Eindruck der Krise zunehmend falsch verstehen und sich dem schnell getakteten Diktat einer Finanzbranche beugen, der langfristiges unternehmerisches Denken fremd sei, urteilt die Autorin Claudia Schumacher. Langfristigkeit gebe es in der Finanzanalyse nicht mehr »und damit auch nicht mehr in Unternehmen, die ständig Geld am Finanzmarkt brauchen. Um zu investieren, zu performen, zu wachsen«, so Schumacher. Die Folge seien vollkommen überzogene Erwartungen, die kaum ein CEO erfüllen kann. Aktion degeneriere zu Aktionismus. Visionen fehlen, und Strategien überleben sich im Monatstakt. Falsch verstandene Kontrolle engt die Handlungsfreiheit des CEOs zunehmend ein, mangelnde Abstimmung und fehlendes Verständnis tun ihr Übriges. Die Aufgabe des CEOs wird zu einem »fast unmöglichen Job.«

Grundsätzlich gilt also: Wer den Stellenwert der ganzheitlichen Kommunikation – das *Was?* und *Wie?* der Kommunikation – schon in der Countdown-Phase erkennt und sich adäquat auf die Nutzung der darin liegenden Möglichkeiten vorbereitet, verschafft sich ein beträchtliches Maß an Handlungsfreiheit vom ersten Tag an. Zugleicht minimiert er Risiken, die sich aus einer falsch verstandenen Kommunikation oder fehlendem Bewusstsein für die Bedürfnisse der Stakeholder für ihn und sein Unternehmen ergeben können.

Überzeugung durch Persönlichkeit

Mit Rhetorik, sprachlicher Ausdrucksfähigkeit und der Kunst, sich selbst effektiv in Szene zu setzen, ist es dabei jedoch nicht getan. Auch ein CEO, der das Handwerk des Kommunikators perfekt beherrscht, wird als Führungskraft an seine Grenzen stoßen, wenn er nicht glaubwürdig und authentisch ist.

Dabei geht es nicht darum, ob Aussagen sachlich richtig und nachvollziehbar sind. Das ist eine Selbstverständlichkeit.

Es ist vielmehr die Führungspersönlichkeit des CEOs selber, die in den Mittelpunkt rückt. Denn fokussiert sich die Aufmerksamkeit und Sehnsucht nach Stabilität und Sicherheit zunehmend auf die Person des CEOs, wird die Kunst, überzeugend zu kommunizieren, zu einer sehr persönlichen Aufgabe. Überzeugungskraft kann ebenso wenig wie Autorität verliehen, geborgt oder eingeklagt werden. Auch kann die Aufgabe des Überzeugens nur in Ausnahmefällen delegiert werden. Als Chef-Überzeuger ihrer Unternehmen müssen sich CEOs als glaub*würdig* und vertrauens*würdig* erweisen. Dabei gilt: Bloße Appelle an die

Aufrichtigkeit oder Rechtschaffenheit sind nutzlos und klingen allenfalls hohl, wenn deren Bedeutung nicht vorgelebt werden kann. Als weitgehend öffentliche Personen sind CEOs diesbezüglich immer auch Vorbilder.

Wie wichtig dies ist, zeigen die zahlreichen Rufe nach Aufrichtigkeit, nach alten Werten, nach Authentizität und vor allen Dingen nach Integrität. »Überall mit Händen zu greifen ist die Sehnsucht nach Rechtschaffenheit, nach Ordnung und ruhiger Arbeit, nach Führungspersönlichkeiten mit ›Maß und Mitte‹ (Röpke), nach einer Wirtschaft für ›das ganze Haus‹«, schrieb zum Beispiel der Managementexperte Reinhard K. Sprenger.[66]

Integrität und Mut

Höchste Zeit also, solch öffentlich vorgetragene Erwartungshaltungen zu hinterfragen. Was genau ist damit gemeint? Inwiefern beeinflusst dies unser Bild von Führung und Führungspersönlichkeiten? Was bedeuten Integrität und Authentizität?

Werden wir uns an späterer Stelle noch eingehend mit der Authentizität beschäftigen, wenden wir uns zunächst Ersterem zu. Integrität ist ein großes Wort mit zumindest zwei gleich wichtigen Bedeutungen.

Die erste dreht sich um zweifellos wichtige Charaktereigenschaften. Danach können wir jemandem unterstellen, integer zu sein, wenn er ehrlich, wertebewusst und konsistent handelt. Richtet sich die Aufmerksamkeit zunehmend auf den CEO, gewinnt auch ein solches Verständnis von Integrität an Gewicht. Schließlich sind diese heute mehr denn je auch »Leuchttürme der Werte«: »The culture of a company is the behavior of its leaders«, schrieb der ehemalige CEO des IT-Riesen EDS, Richard Brown.[67] Was Vorstandsvorsitzende sagen, das hat Gewicht. Allerdings nur, wenn den eigenen Worten auch Taten folgen. Wer zum Beispiel in Krisenzeiten die eigenen Mitarbeiter davon zu überzeugen versucht, den Gürtel enger zu schnallen, der wird lediglich Unverständnis ernten, wenn er seinen eigenen Appellen nicht Folge leistet.

So erschien es vielen Amerikanern zum Beispiel als Farce, als die CEOs von General Motors (GM), Ford und Chrysler im November 2008 nach Washington flogen, um bei einer Anhörung im Kongress um 25 Milliarden US-Dollar Soforthilfe zu bitten. Zur Hochzeit der Krise war dies an sich kein ungewöhnlicher Vorgang. Sowohl Chrysler als auch GM standen kurz vor der Zahlungsunfähigkeit. Und auch wenn Ford noch über genügend Liquidität zu verfügen schien, so war auch hier die Lage mehr als prekär. Die drei CEOs – Rick Wagoner (GM), Alan Mulally (Ford) und Robert Nardelli (Chrysler) – wussten, dass sie die Abgeordneten nur dann überzeugen konnten, wenn sie glaubhaft darlegen konnten, dass bereits aus eigener Kraft alle Anstrengungen unternommen wurden, um die Unternehmen wieder zukunftsfit zu machen. So wurden Produktpaletten zusammengestrichen, überflüssige Marken eingemottet und vor allen Dingen Mitarbeiter entlassen. Ford allein hatte zu dem Zeitpunkt bereits 51 000 Mitarbeiter entlassen und 17 Produktionsstandorte geschlossen.[68] Die Vorstandsvorsitzenden ließen keinen Zweifel an ihrer Entschlossenheit, ihre kränkelnden Unternehmen umzukrempeln und die Versäumnisse der vergangenen Jahre und Jahrzehnte nachzuholen.

Und dennoch gelang es ihnen nicht, die Kongressabgeordneten zu überzeugen. Der Grund: Obwohl sie es vermochten, düstere Szenarien für den Fall zu zeichnen, dass kein Staatsgeld fließen sollte, ließen es sich alle drei CEOs nicht nehmen, im Firmenjet nach Washington anzureisen. Insbesondere angesichts der zahlreichen Entlassungen wurde die damit verbundene Symbolik von den Politikern wie ein Schlag ins Gesicht empfunden. Wer in der größten Krise des eigenen Unternehmens nicht auf den 20 000 US-Dollar teuren Flug im 34 Millionen US-Dollar teuren Firmenjet verzichten will, der hat den wahren Ernst der Lage verkannt und zeigt, dass ihm Bequemlichkeit und persönlicher Status wichtiger sind als die Zukunft des Unternehmens – beides keine gute Voraussetzungen für Bittsteller.

Integrität zeigt sich nicht durch Lippenbekenntnisse. Wer a sagt und b macht, der erweist sich dem Ver- und Zutrauen anderer als wenig würdig. Gerade in einem von steten Wandel und hoher Unsicherheit geprägten Umfeld gewinnt aber die persönliche Ausstrahlung und Integrität des CEO an Gewicht. Es gilt, Integrität durch sein eigenes beispielhaftes Verhalten vorzuleben und sich nicht nur auf Prozesse, Regeln und Konventionen zu berufen.

Kein Zweifel also: Die Aufrichtigkeit, Glaubwürdigkeit und Integrität des CEOs, die ihren Ausdruck wiederholt in Wort und Schrift, aber auch im Verhalten desselben finden, beeinflussen maßgeblich das Arbeitsklima und die Kultur eines Unternehmens. »Leaders get the behavior they tolerate«, zitiert der Managementexperte Ram Charan Richard Brown.[69] Und ergänzt: »The dialogues, beliefs, and behavior of the CEO and his or her change agents will become the model for all others.«[70]

Doch Integrität hat noch eine weitere, häufig vernachlässigte, aber ebenso wichtige Bedeutung – eine Bedeutung von Integrität, die viel mit der Kenntnis und Gestaltung der eigenen Rolle zu tun hat: »Leaders are made, not born, and are created as much by themselves as by the demands of their times«, schreibt die Managementlegende Warren Bennis.[71] So ist Integrität in der Psychologie immer auch gleichbedeutend mit Integriertheit von allen Erfahrungen und Rollen, die uns zu dem machen, was wir sind.[72]

Wir haben es schon angedeutet: All jene Werte und Eigenschaften, die für gewöhnlich mit der Integrität des CEOs in Verbindung gebracht werden – Aufrichtigkeit, Glaubwürdigkeit, Redlichkeit –, drohen schnell zu Worthülsen zu verkommen, wenn die Persönlichkeit des CEOs diese nicht mit Leben zu füllen vermag. Verbunden werden solche Forderungen konsequenterweise mit dem Wunsch, CEOs mögen authentisch sein. Und auch wenn unklar ist, was genau darunter zu verstehen ist, so bleibt nicht selten das unbestimmte Gefühl, dass das, was gesagt wird und wie es gesagt wird, kaum glaubhaft von dem, der es sagt, transportiert werden kann.

Grund genug also zu hinterfragen, was es mit der Persönlichkeit und den Rollen, deren Integrität den CEO zu dem machen, was er ist, sowie den Forderungen nach Authentizität auf sich hat. Was genau meint Bennis, wenn er sagt, Führungspersönlichkeiten sind genauso Produkt ihrer selbst wie auch der Anforderungen ihres Umfelds? Und was genau umfasst die Rolle des CEOs, insbesondere hinsichtlich der enormen Erwartungen an die Integrität? Diese und zweifellos einige weitere Fragen zum Thema Integrität und Authentizität gewinnen angesichts der wachsenden Bedeutung und Fokussierung auf Vorstandsvorsitzende massiv an Gewicht. Fehlt jedoch ein ausgeprägtes Bewusstsein für die Bedeutung der CEO-Rolle, wird es nur selten gelingen, diese Fragen ausreichend zu würdigen.

Dabei ist es genau diese Stelle – in der meist fehlenden Auseinandersetzung mit der eigenen Rolle –, an der sich die »Vorbereitungslücke« am deutlichsten offenbart. Viele der berühmten Kommunikationspatzer angehender oder auch gestandener CEOs ereignen sich nicht etwa, weil die Kommunikation schlecht geplant oder Briefings fehlerhaft waren, sondern vielmehr, weil den Protagonisten das Sendungsbewusstsein für die eigene Rolle und die zahlreichen Erwartungen, die an diese geknüpft sind, fehlte. Ackermanns Victory-Geste oder der bereits erwähnte Aufruf zur kollektiven Demut des Investmentbankers Alexander Dibelius dienen auch hier als Beispiel.

Die Entwicklung und Definition der eigenen CEO-Rolle sind demnach neben der Kenntnis der bereits erwähnten kommunikativen Anforderungen die größte Herausforderung, der sich CEOs gegenübersehen. Was bedeutet es, die eigene Rolle zu kennen? Warren Bennis hat eine scheinbar einfache Erklärung, die als Ausgangspunkt für unsere eigene Betrachtung dienen soll. Man müsse sich selber besser kennenlernen, schreibt dieser in seinem Buch *On Becoming A Leader*, und ergänzt: »Know thyself, then, means separating who you are and who you want to be from what the world thinks you are and wants you to be.«[73]

Bricht man Bennis' Formel auf, dann ergeben sich drei Herausforderungen für die Definition der eigenen Rolle. Zunächst unterscheidet er zwischen den eigenen Erwartungen an die zukünftige Rolle und den Erwartungen anderer. Darüber hinaus erkennt Bennis aber auch, dass die eigene Rolle niemals zu starr sein darf. Indem er zwischen der heutigen und zukünftigen Rolle unterscheidet, impliziert er, dass die eigene Rollendefinition immer wieder auch eine Anpassung erfahren muss. Dieser Punkt ist nicht zu unterschätzen, schließlich erfordern neue Herausforderungen neue Antworten und stellen sicherlich auch veränderte Anforderungen an die Person des CEO.

Allerdings – so unabdingbar und wichtig sie auch ist – hat die Rollendefinition des CEOs bisher nur sehr wenig Aufmerksamkeit auf sich gezogen. Auch Bennis äußert sich nicht weiter dazu, wie man nun seine eigene Rolle konkret erkennen und definieren könne. Was fehlt, ist ein Modell, das dem Vorstandsvorsitzenden eine Standortbestimmung sowie Definition der eigenen Rolle ermöglicht. Was fehlt, ist somit also ein Navigator, der es angehenden CEOs erlaubt, sich zu verorten, die eigene Rolle mit den Erwartungen anderer abzugleichen, Defizite zu identifizieren und adressieren und darüber hinaus die Entwicklung der eigenen Rolle – analog zur Strategieentwicklung und -umsetzung – vorzuzeichnen.

Kapitel 3

Der CEO-Navigator

So wenig Aufmerksamkeit der eigenen Rolle sowohl in der Praxis als auch in der wissenschaftlichen Auseinandersetzung geschenkt wurde: Die Kenntnis und Definition derselben sind keineswegs nur wichtig, um überzeugend und selbstsicher argumentieren zu können. Es geht um die eigene Orientierung. Wo stehe ich? Wofür stehe ich? Und wie kann ich mein persönliches Profil möglichst effektiv mit all jenen Rollenerwartungen arrangieren, denen ich mich in der Rolle des CEOs gegenübersehe?

Wird eine solche Rollendefinition in der Leadership-Literatur jedoch kaum thematisiert, wirkt die Rollenbeschreibung des CEOs in der Konsequenz häufig recht eindimensional. Dieser sei ein Change Agent, jener ein guter Manager, und hier wiederum sei ein Stratege gefragt.

Wir plädieren hingegen für eine neue Definition der Führungsrolle des CEOs: vielschichtig statt einseitig, sozialisiert statt personalisiert. Eine Führungspersönlichkeit, die ihre Sicherheit aus dem Verständnis ihres Umfelds und Kenntnis der eigenen Rolle zieht und ihre eigenen Überzeugungen vertritt, ohne diese zu dogmatisieren.

Über die Konzeption der Rolle

Soll dies gelingen, ist eine neue Betrachtung dessen, was unter der Führungsrolle zu verstehen ist, unabdingbar. In dieser Hinsicht sind, wie eingangs erwähnt, die Erkenntnisse des Soziologen Robert K. Merton sehr interessant.[74] Merton, der unter anderem auch das Phänomen der

»sich selbst erfüllenden Prophezeiung« (*self-fulfilling prophecy*) prägte, beschäftigte sich intensiv mit der Rolle, die wir Menschen im sozialen Kontext ausfüllen.

Ausgangspunkt ist die Vorstellung, dass alle Menschen unterschiedliche Rollen leben. Kaum jemand sei lediglich Vater oder Chef, schreibt er. Vielmehr sind wir auch Freund, Partner, Vereinsmitglied und vieles mehr. Alle diese Rollen formen unsere Persönlichkeit. Sie stehen weder in Konkurrenz zueinander, noch kann es gelingen, dauerhaft nur eine Rolle zu leben. Sie repräsentieren nicht unterschiedliche Personen, sondern eine integrative *Gestalt*.

Diese Erkenntnis ist von großem Wert, setzt sie doch die Rolle des CEOs in Perspektive. Denn diese ist neben jener des Vaters, Freundes et cetera nur eine von vielen, die den Menschen, der diese Rolle ausfüllt, zu dem machen, was er ist.

Hier wird ersichtlich, was wir zuvor als die zweite Bedeutung von Integrität umschrieben haben. Wer nur versucht, die Rolle des CEOs zu leben und alle anderen Rollen und Erfahrungen, die ihn ebenso zu dem gemacht haben, was er ist, zu ignorieren, der zieht die Rolle des Vorstandsvorsitzenden allen anderen vor und beschädigt jene integrative *Gestalt*, die Merton beschreibt. Wer sich hingegen bewusst ist, dass die Rolle des CEOs nur eine unter vielen ist, der wird nicht nur seine eigene Führungsrolle, sondern auch die zahlreichen Herausforderungen, mit denen er in der Ausübung seiner Tätigkeit zweifellos konfrontiert sein wird, immer auch in Perspektive setzen können. Integrität in dieser Hinsicht trägt demnach viel zur Selbstsicherheit und Reflexionsfähigkeit bei.

Doch ein anderer Aspekt der Untersuchungen Mertons ist für unsere Zwecke noch interessanter. Dieser vertritt nämlich die Theorie, dass zu jeder sozialen Rolle eine Reihe von Rollenerwartungen gehört.[75] Dies bedeutet, dass derjenige, der eine bestimmte Rolle ausfüllt, immer auch in Kontakt mit zahlreichen weiteren Akteuren steht, die bestimmte Erwartungen an die Art und Weise haben, wie dieser seine Rolle auszufüllen habe:

»[...] it is assumed that each social status has its organized complement of role-relationships which can be thought of as comprising a

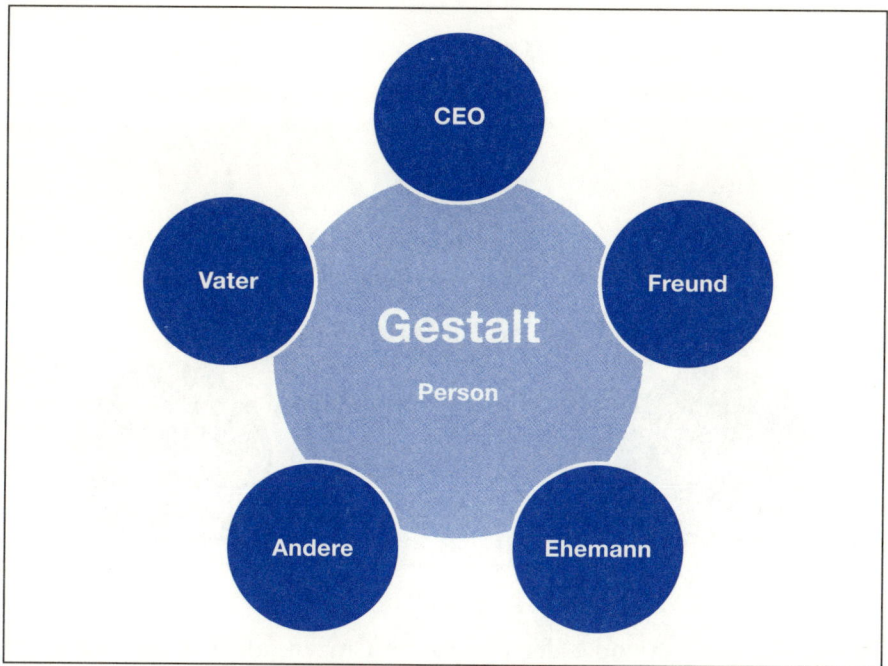

role-set. [...] To the extent that members of the role-set themselves hold substantially differing statuses, they will tend to have some differing expectations (moral and actuarial) of the conduct appropriate for the status-occupant«[76]

Ähnlich ist dies auch bei einem Vorstandsvorsitzenden. In der Rolle des CEOs sieht sich dieser einer Vielzahl von Anspruchsgruppen gegenüber, die allesamt bestimmte Erwartungen an das Rollenverständnis eines CEOs haben. Dabei geht es zunächst nicht um konkrete inhaltliche Maßnahmen, wie zum Beispiel die Entscheidung über den Abbau von Arbeitsplätzen oder über die geografische Expansion. Es geht vielmehr um das grundsätzliche Selbstverständnis des CEOs. Soll der CEO ein Bewahrer oder ein Change Agent sein? Soll er ein Visionär oder ein Pragmatiker sein? Soll er Corporate Citizen oder Manager sein?

Wenn man so will, dann kann man sich dies so vorstellen, dass zu der Rolle des CEOs eine Vielzahl kleinerer Rollen gehört. Sei es der Change

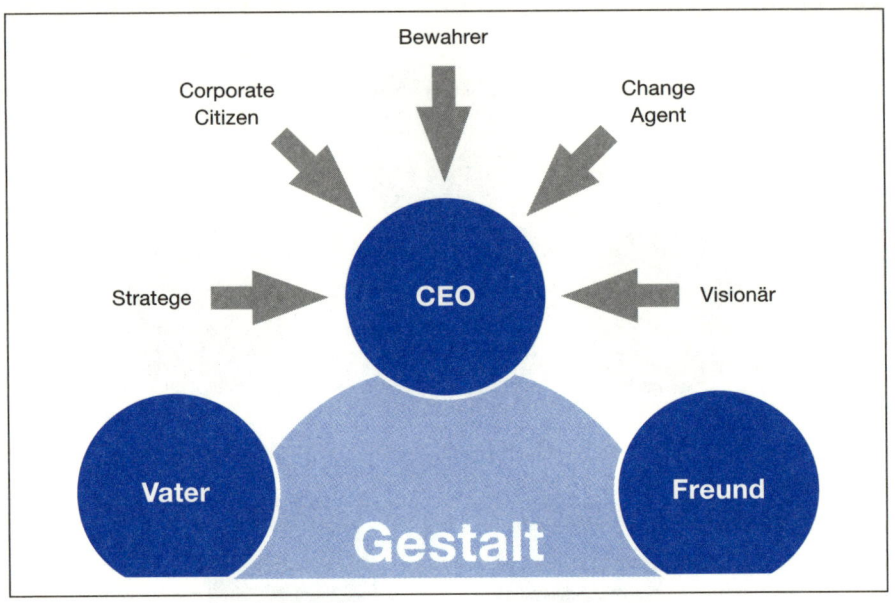

Agent, der Visionär oder der Corporate Citizen, all dies sind integrale
Facetten ein und derselben CEO-Rolle.

Das Entscheidende dabei ist, dass solche Rollenerwartungen zumindest theoretisch an die Rolle – oder Funktion – des CEOs geknüpft sind
und somit weitgehend unabhängig von der jeweiligen Person, die die
Rolle ausfüllen soll, existieren. Es sind dies Erwartungshaltungen einer
Öffentlichkeit an ein zunehmend öffentliches Amt. In der Praxis ist eine
solche Unterscheidung zwischen der Funktion auf der einen und der Person auf der anderen Seite jedoch kaum relevant. Sind CEOs zunehmend
gezwungen, sich zu inszenieren, und nimmt die Personalisierung dramatisch zu, verliert sich die Grenze zwischen dem CEO-Rollenträger und
seiner Persönlichkeit.

Dennoch ist eine solche Betrachtung nützlich, um darzulegen, dass
tatsächlich einiges mehr mit dem »gewaltigen Schritt« (Manfred Schneider) zum CEO verbunden ist, als man landläufig annimmt. Denn an
kaum eine Rolle werden derart viele Erwartungen geknüpft wie an jene
des Vorstandsvorsitzenden. Seien es Mitarbeiter, Aufsichtsräte, Investoren, Analysten, Anteilseigner oder auch gesellschaftliche Akteure wie

NGOs oder Politiker: Sie alle haben eine bestimmte Vorstellung davon, wie der CEO seine Rolle zu definieren und zu leben habe. Von Stunde null an wird sich der frischgebackene Vorstandsvorsitzende mit diesen Erwartungen auseinandersetzen müssen. Nur äußerst selten wird dem Rolleninhaber dabei jedoch gestattet, in die Rolle hineinzuwachsen. Auch stellt sich bereits nach kürzester Zeit die Frage, wie es überhaupt gelingen kann, adäquat mit der schieren Anzahl unterschiedlichster Rollenerwartungen und Interessenlagen umzugehen. Schon Merton erkannte, dass diese Gemengelage unterschiedlichster Akteure und Erwartungen inhärentes Konfliktpotenzial birgt:

»All this presupposes, of course, that there is always a potential for differing and sometimes conflicting expectations of the conduct appropriate to the status-occupant among those in the role-set. The basic source of this potential for conflict, I suggest – and here we are at one with theorists as disparate as Marx and Spencer, Simmel and Parsons – is that the members of a role-set are, to some degree, apt to hold social positions differing from that of the occupant of the status in question.«[77]

Für Merton liegt es in der Natur der Sache, dass die jeweiligen Akteure aufgrund ihres unterschiedlichen Hintergrundes nicht nur in ihren Erwartungen voneinander abweichen. Auch deren Werte, Interessen und Deutungen – kurz: Wirklichkeiten – werden stark durch deren jeweiligen Umstände geprägt. So sieht sich der Rolleninhaber häufig nicht nur mit unterschiedlichen Erwartungen, sondern auch Sichtweisen konfrontiert.

Ein Beispiel aus der Praxis soll dies erläutern: Denken Sie an Synergien. Bei Übernahme- und Fusionsprozessen wird die Hebung von Synergien in Finanzkreisen gerne als gewinnbringender Faktor einer Übernahme herangeführt. Durch die Zusammenschlüsse einzelner oder mehrerer Firmenbereiche, zum Beispiel in der kapitalintensiven Forschung und Entwicklung, könne man Ineffizienzen abbauen und kapitalschonender wirtschaften, heißt es häufig. Was des einen Freud, ist jedoch häufig des anderen Leid.

Der Analyst, der die Transaktion aus finanzwirtschaftlichen Gesichtspunkten zu bewerten hat, wird das Wort Synergien eher positiv sehen.

Es macht Sinn, Effizienzen zu nutzen, wenn es das Ziel des Unternehmens ist, den Return on Investment (ROI) zu steigern und in Zukunft noch ressourcenschonender zu wirtschaften.

Die Betriebsräte der betroffenen Unternehmen hingegen werden die Nachricht der Synergien skeptisch aufnehmen. Auch eine solche Haltung macht Sinn, wenn man das Ziel verfolgt, Arbeitsplätze zu sichern. Schließlich signalisieren Synergien allzu häufig auch den Abbau von Doppelstrukturen und Arbeitsplätzen. Obliegt dem Vorstandsvorsitzenden meist das letzte Wort, wird sich dieser also mit zahlreichen unterschiedlichen Erwartungen konfrontiert sehen, die alle auf ihre Art auch logisch nachvollziehbar sind. Wie soll, wie kann man sich in einer solchen Situation verhalten, um Unterstützung gewährleisten oder zumindest für Akzeptanz werben zu können?

In der Theorie wäre es sicherlich möglich, sich nur auf jene Akteure zu konzentrieren, denen man die größte Relevanz beimisst. So sind CEOs rein formaltechnisch lediglich dem Aufsichtsrat und den Anteilseignern oder Gesellschaftlern Rechenschaft schuldig. Wäre es demnach keine gute Idee, sich einzig auf Aktionäre und Aufsichtsräte zu konzentrieren? Die Antwort: keinesfalls. Die oftmals berechtigten Befürchtungen anderer Akteure zu ignorieren wäre fahrlässig und unterschätzt darüber hinaus auch die Dynamik der neuen Medienwirklichkeit. Wenn man so will, war ja bereits die alleinige Ausrichtung an der Maximierung des Shareholder Values ein solcher Versuch. Diese hat sich jedoch mit der derzeitigen Krise überlebt. Wer die eigenen Interessen vor einer zunehmend kritischen Öffentlichkeit vertreten und gleichzeitig für eine möglichst breite Akzeptanz oder gar Unterstützung für das eigene unternehmerische Handeln werben will, der wäre gut beraten, die Bedürfnisse und Erwartungen der eigenen Anspruchsgruppen nicht einfach zu ignorieren.

Kommunikation gewinnt auch hier entscheidend an Bedeutung. Zwar werden wir zu dieser Problematik in Kapitel 4 noch eingehender Stellung nehmen. Doch schon hier lohnt ein Verweis auf einen einfachen, aber umso effektiveren Vorschlag, den Merton selber unterbreitet. So zeigt sich dieser durchaus als Realist. Es gelinge nur sehr selten, alle Erwartungshaltungen an die Rolle des jeweiligen Rolleninhabers in Einklang zu bringen, zu unterschiedlich seien diese. Merton nennt dies »residual conflict«.[78] Da Rollenerwartungen jedoch nicht einfach ignoriert werden können, gilt es vielmehr, diese zu erkennen und zu moderieren. Merton weist darauf hin, dass es häufig schon reiche, bei den Stakeholdern für Verständnis zu werben und diese darauf hinzuweisen, dass der Rolleninhaber selber einer Vielzahl unterschiedlichster Rollenerwartungen ausgesetzt sei:

»As long as members of the role-set are happily ignorant that their demands upon the status-occupant are incompatible, each member may press his own case. The pattern then is many against one. But when it becomes plain that the demands of some are in full contradiction with the demands of others, it becomes, in part, the task of the members of the role-set [...] to resolve these contradictions.«[79]

Dies setzt jedoch auch Verständnis für die Bedürfnisse der jeweiligen Stakeholder voraus. Schließlich gilt: Nur wer Verständnis zeigt, der kann auch Verständnis erwarten.

Das Puzzle zusammensetzen

Was bedeutet all dies nun für den CEO und sein Rollenverständnis? Mit der notwendigen Distanz zur CEO-Rolle ist es möglich zu erkennen, dass mit dieser zahlreiche Erwartungen und Anforderungen verknüpft sind, denen sich der Rollenträger stellen muss. Die Rolle ist demnach wie ein Anzug, der nicht jedem passt. Man kann ihn anpassen lassen und vielleicht auch das eine oder andere Teil austauschen. Ihn jedoch nicht tragen zu wollen ist keine Option. Somit beschreibt und erklärt die Rollentheorie einerseits die Rollenerwartungen und -festlegungen des Umfeldes und andererseits, welche Spiel- und Handlungsfreiräume dem Individuum – in diesem Fall dem CEO – in seiner Rolle offenstehen.

Die Frage ist also nicht, *ob* sich Topmanager mit der Rolle des CEOs auseinandersetzen sollten, sondern vielmehr *wie* sie diese möglichst effektiv verinnerlichen, ausfüllen und modifizieren können.

Wie relevant dies ist, zeigt ein Interview, in dem sich der ehemalige Vorstandsvorsitzende der Deutschen Telekom AG, Kai-Uwe Ricke, zu seinem Rollenverständnis äußert und dieses im Zusammenhang mit seiner Aufgabe bei der Telekom bewertet:

»**Interviewer:** Wie würden Sie Ihren Führungsstil beschreiben?

Ricke: Ich bin von meiner Persönlichkeit her der Raum-Gebende, Kompromiss-Suchende, der sich selbst nicht ins Rampenlicht schiebt. Nach der Losung von Laotse: Der beste Führer ist der, den man nicht sieht. Ich hatte mit meiner Art auch Erfolge: Als ich anfing, schrieben wir 24 Milliarden Euro Verlust. Daraus machten wir 5,5 Milliarden Gewinn. Doch im Nachhinein glaube ich: Gewisse Unternehmen brauchen keinen Anführer, den sie nicht bemerken, sondern einen, der eine Show spielt. Ich meine das nicht abwertend.

Interviewer: Ihnen fiel es schwer, zu repräsentieren?

Ricke: Das war nicht meine Art. Und wenn man es sich nur schnell anlernt, merken das die Leute sofort, zumal ich ein schlechter Schauspieler war. Nein, der Begriff Schauspieler ist eigentlich falsch. Man muss die Rolle, die man da bekommen hat, ausfüllen wollen, und ich war nicht verliebt genug in die Rolle des Telekom-Chefs. Ich wollte, als ich 1998 bei der Telekom anfing, nicht für die Ewigkeit bleiben, schon gar nicht an der Spitze. Ich weiß nicht, ob Sie sich an die Ereignisse von damals erinnern: Nachdem Ron Sommer weg war, wurde ein externer Kandidat nach dem anderen zerschossen. Als ich damals merkte, dass ein Vertrauensverhältnis zu dem damaligen Interimschef Helmut Sihler entstand, da reizte es mich. Nicht wegen der Macht, sondern wegen der Gestaltungsmöglichkeiten, die ich mir vom Vorstandsvorsitz versprach. Ich habe mich dann auch voll reingehängt. Doch im Nachhinein merke ich: Ich war in eine Struktur hineingeraten, die sehr schnell Besitz von mir ergriff.«[80]

War Ricke deshalb der falsche Mann für die Aufgabe bei der Deutschen Telekom? Nicht unbedingt. Doch offensichtlich versprach sich Ricke vom Vorstandsvorsitz jenes Höchstmaß an Handlungs- und Gestaltungsspielraum, das dem CEO-Posten auch in der öffentlichen Meinung angesichts der großen Machtfülle unterstellt wird. Ricke musste lernen, dass sich dies jedoch als Trugschluss erwies. Anstatt seinen Ideen nachgehen zu können, spricht er von einer »Struktur«, in die er hineingeraten sei und die von ihm Besitz ergriffen habe.

Ähnlich wie Ricke ergeht es vielen CEOs. Bestärkt im Glauben, die Berufung und Ernennung zu CEO unterstreiche die einzigartige Befähigung des Protagonisten zum Vorstandsvorsitz, starten viele Topmanager in ihrer neuen Aufgabe zunächst voll durch.

In ihrer vielbeachteten Untersuchung über die unterschiedlichen Phasen des Vorstandsvorsitzes kamen die beiden US-amerikanischen Wirtschaftsprofessoren Donald Hambrick und Gregory Fukutomi zu dem Schluss, dass die überragende Mehrheit aller CEOs zum Zeitpunkt des Amtsantritts bereits über eine eigene Weltsicht und Vorstellung davon verfügt, wie die vor ihnen liegenden Herausforderungen und Aufgaben zu lösen sind.[81] Hamrick und Fukutomi argumentieren, dass diese Weltsicht, oder *Paradigma*, durch frühere Erfahrungen, Ausbildung, Aufgaben et cetera beeinflusst wird:

»The CEO's job is well known for its complexity, ambiguity, and information overload. Because a CEO cannot begin to comprehend all relevant stimuli, [...] the CEO operates within a finite model, or paradigm, of how the environment behaves, what options are available, and how the organization should be run.«[82]

Dabei stellten die Autoren fest, dass dieses Paradigma – die Weltsicht und Wirklichkeit des CEOs – vor Amtsantritt bereits sehr gefestigt ist. Nur äußerst selten würden sich Vorstandsvorsitzende offen für äußere Einflüsse und Anregungen zeigen. Was zähle, seien erste Taten und Zeichen. Der Grund: Zum einen hätten Topmanager vor der Beförderung zum CEO bereits zahlreiche Erfahrungen in diversen Führungspositionen sammeln können und würden sich somit in ihrer Weltsicht bestätigt sehen. Zum anderen werde, so Hamrick und Fukutomi, dieses Gefühl durch die Berufung zum CEO noch gefestigt, da die Beförderung häufig als Beleg für die Wirksamkeit des eigenen Paradigmas gewertet werde.[83]

Bestärkt in dem Gefühl, die eigene Sicht auf die Dinge sei eine überzeugende und richtige, um den Herausforderungen und Aufgaben des neuen Mandats adäquat zu begegnen, startet der CEO nun in seine Amtszeit. In der großen Mehrheit aller untersuchten Fälle, so die Wissenschaftler, sei die erste Phase dadurch gekennzeichnet, dass die CEOs entsprechend ihren Vorstellungen erste strategische Akzente setzen. Ziel sei es, auch durch erste Erfolge die politische Hausmacht sowie die eigene Legitimation zu festigen. Diese Erkenntnisse decken sich ebenfalls mit den Ergebnissen des Harvard-Professors John Gabarro, der sich intensiv mit dem Prozess der Amtsübergabe vom alten an den neuen CEO befasste. Auch Gabarro spricht von einer Dynamik, die anfangs sehr stark durch die individuellen Erfahrungen und Sichtweisen des CEOs geprägt sei.[84]

Erst nach der ersten Phase – in der Regel einige Monate nach der Amtsübergabe – sei in der Mehrheit aller untersuchten Fälle ein Öffnungs- oder Reflexionsprozess zu erkennen.[85] Auch hier decken sich die Ergebnisse Hambricks und Fukutomis mit denen Gabarros. Erst jetzt, nachdem erste Akzente gesetzt wurden, würden CEOs ihre eigene Sicht auf die Dinge aufgrund der gewonnenen Eindrücke im Unternehmen hinterfragen und ihr Verhalten in Teilen oder ganz an die veränderten Realitäten anpassen.

Was bedeuten diese Erkenntnisse nun für unsere Untersuchung?

Der Druck, bereits sehr früh erste Akzente zu setzen und strategische Weichenstellungen vorzunehmen, ist enorm gestiegen. Insofern mag es nachvollziehbar und verständlich sein, dass Vorstandsvorsitzende zu Beginn ihrer Amtszeit Entscheidungen auf Basis ihrer sehr gefestigten Weltsicht treffen und umsetzen wollen. Deutet man dabei die eigene Berufung auf den Posten als Beleg für die Richtigkeit der eigenen Weltsicht, und ist man sich der zahlreichen informellen Rahmenbedingungen sowie des engen Erwartungs- und Wertekorsetts der CEO-Rolle nicht bewusst, laufen viele CEOs Gefahr, den Rahmen zu sprengen und mehr zu versprechen, als sie im Endeffekt einhalten können. Andere wiederum begegnen der Aufgabe des Vorstandsvorsitzes ebenso wie der Rolle des CEOs mit unrealistischen Erwartungen, nur um anschließend wie Kai-Uwe Ricke festzustellen, dass Handlungs- und Gestaltungsspielräume weitaus begrenzter sind als erhofft.

Demnach ist es ratsam, sich bereits vor Übernahme des Vorstandsvorsitzes mit den Möglichkeiten und Limitationen der zukünftigen Rolle bewusst zu werden. Dies kann jedoch nur gelingen, wenn der von Hambrick und Fukutomi erwähnte Öffnungsprozess bereits frühzeitig eingeleitet wird. Auch hier zeigt sich also wieder, wie enorm wichtig eine adäquate Vorbereitung auf die Aufgabe des Vorstandsvorsitzes ist.

Bevor wir nun der Frage nachgehen, wie es gelingen kann, die Rolle mit eigenen Akzente zu versehen, wollen wir zunächst klären, welche Erwartungen genau die Rolle des CEOs definieren. Wie sieht der Anzug aus, mit dem sich der zukünftige Vorstandsvorsitzende kleiden muss – ob er will oder nicht?

Um diese Frage beantworten zu können, müssen wir zwangsläufig generalisieren. Zwar ist es ebenso wenig, wie sich die Lebenswirklichkeiten der jeweiligen CEOs und der zu führenden Unternehmen im echten Leben gleichen, möglich, ein »one size fits all«-Modell zu entwerfen, das allen Erwartungen und Anforderungen gerecht wird. Dies bedeutet jedoch keineswegs, dass es unmöglich ist, zumindest eine Struktur zur effektiven Positionierung von Topmanagern zu entwickeln. Um dies zu verdeutlichen, lohnt ein Blick auf die öffentliche Meinung gegenüber dem Vorstandsvorsitz. Ist die Rolle des CEOs zunehmend eine öffentliche, gewinnt die Personalisierung stark an Gewicht, und sind CEOs in Zukunft zunehmend auch auf die Bereitstellung und Nutzung öffentlicher Bühnen angewiesen, machen wir uns hier einen Effekt zunutze, den wir bereits eingangs als »Medienwirklichkeit« beschrieben haben.

Die öffentliche Meinung als »Urteilsinstanz für die eigene Reputation«

In einem Aufsatz verweist der ehemalige Vorstandssprecher der Deutschen Bank, Alfred Herrhausen, auf den berühmten Roman *Les liaisons dangereuses* (*Gefährliche Liebschaften*) des französischen Offiziers und Schriftstellers Choderlos de Laclos. In diesem findet sich ein Schriftwechsel zwischen einer Dame von Welt und einer jungen Frau, in dem Erstere der jungen Frau vor einer weiteren Bekanntschaft mit einem Herrn von schlechtem Ruf abrät:

>*Sie halten ihn einer Umkehr zum Besseren für fähig, ja, sagen wir mehr, nehmen wir dieses Wunder als wirklich geschehen an – würde nicht gegen ihn die öffentliche Meinung bestehen bleiben und müsste das nicht genügen, Ihr Verhältnis zu ihm danach auszurichten«?*[86]

Laut Herrhausen bringt dieser Paragraf auf den Punkt, womit sich Vorstandsvorsitzende auch noch 230 Jahre nach Erscheinen des Romans konfrontiert sehen: der öffentlichen Meinung als gewichtiger »Urteilsinstanz für die Reputation«. Habe man deren Bedeutung erst erkannt beziehungsweise anerkannt, gehe damit immer auch die Erwartung einher, dass das eigene Verhalten, aber auch Entscheidungen und Verfahren im Sinne dieser Urteilsinstanz getroffen würden.

Herrhausen erkennt somit, ebenso wie Merton, dass man in der Rolle des CEOs die in die eigene Person gesetzten Erwartungen nicht ignorieren kann und somit dem Wunsch nach einem möglichst großen Handlungs- und Gestaltungsspielraum Grenzen gesetzt sind.

Wenn Warren Bennis schreibt »Know thyself [...] means separating who you are and who you want to be from what the world thinks you are and wants you to be«, dann wollen wir nun anhand der öffentlichen Meinung zunächst einmal die öffentlichen Rollenerwartungen definieren.[87] Erst in einem zweiten Schritt und im Bewusstsein für die öffentliche Erwartungshaltung empfiehlt sich eine Definition der eigenen Schwerpunkte.

Identifikation der Rollenerwartungen

Es ist geradezu bemerkenswert, wie häufig in der Literatur die Aufgabe des Vorstandsvorsitzes anhand einzelner Rollen dargelegt wird. Mal wird die Rolle des Strategen besonders betont, ein andermal jene des Visionärs. Mal beide zusammen und beizeiten auch eine ganze Reihe weiterer Rollen. Der Managementexperte Henry Minzberg führte in einer Untersuchung gar zehn unterschiedliche Rollen auf: Galionsfigur, Vorgesetzter, Vernetzer, Radarschirm, Sender, Sprecher, Innovator, Problemlöser, Ressourcenzuteiler, Verhandlungsführer.[88] Nicht wenige würden bei einem Blick auf diese Aufzählung die Reihe der Rollenerwartungen noch ergänzen wollen.

Was jedoch genau unter der Rolle zu verstehen ist, inwiefern sich das eigene Handeln einschränkt oder gar Möglichkeiten eröffnet – oder auch ganz grundsätzlich: warum diese überhaupt notwendig ist –, all dies bleibt meist ungeklärt. So verwundert es kaum, dass es schwerfällt, eine abschließende Liste von Rollenerwartungen zu formulieren. Zu groß ist die Versuchung, alle möglichen Erwartungen in den unterschiedlichsten Facetten und Ausprägungen auf den CEO zu projizieren. Dass dies fast immer zu Enttäuschungen führt, ist weder der Aufgabe noch der Reputation des Vorstandsvorsitzes zuträglich.

Nachdem wir nun auf Basis der Definition der Rolle einige der soeben genannten Defizite haben beheben können, ist es nun auch möglich, anhand eines besseren Verständnisses für die Möglichkeiten und Limitationen derselben das Feld möglicher Rollenerwartungen auf ein realistischeres Maß einzuschränken. Um hierbei einen bestmöglichen Ausgleich zwischen den praktischen Erfordernissen – und hier insbesondere der Übersichtlichkeit – eines Positionierungsmodells und der detaillierten Aufzählung möglicher CEO-Rollen gewährleisten zu können, war es unser Ziel, die Untersuchung der CEO-Rolle vor dem Hintergrund der *tatsächlich geäußerten* öffentlichen Erwartungshaltung durchzuführen. Welches sind die am häufigsten geäußerten Erwartungen an CEOs? Ist es möglich, diese zu clustern und somit die öffentliche Meinung als »Urteilsinstanz« in eine Matrix zu übertragen?

Basierend auf unserer langjährigen Beratungserfahrung im Bereich CEO-Positionierung sowie einer ausgiebigen Recherche der Berichterstattung der vergangenen vier Jahre konnten insgesamt acht Rollenerwartungen identifiziert werden, die so oder sinngemäß am häufigsten formuliert und umschrieben wurden.[89] In ihrer Gesamtheit bilden die folgenden Rollen einen Spiegel der öffentlichen Erwartungshaltung, wie sie über die Medien dargestellt wird. Demnach war unser primärer Untersuchungsgegenstand nicht, inwiefern die Medien – also Journalisten, Redakteure et cetera – über CEOs denken und berichten. Interessanter ist unserer Ansicht nach eine Betrachtung, die gezielt die relevanten Stakeholder-Meinungen in den Mittelpunkt rückt. Welche Erwartungshaltung zeichnet zum Beispiel in aller Regel Politiker aus? In welcher Rolle sehen dagegen Kapitalmarktteilnehmer den CEO am häufigsten? Erst in einem zweiten Schritt galt unser Interesse der Art und Weise, wie solche Erwartungshaltungen durch die Presse aufbereitet, verdichtet und vermittelt werden.

Eine solche Vorgehensweise mag unüblich sein, da der Eindruck entstehen könne, den Medien und ihren Protagonisten würde zu wenig Aufmerksamkeit zuteil. Dies ist jedoch nicht richtig. Die Frage, wie Informationen von den Medien verarbeitet werden, hat zweifelsohne einen großen Einfluss darauf, wie bestimmte Botschaften vom Konsumenten der Informationen aufgenommen werden.

Dennoch wäre es falsch, die Medien von vornherein mit der öffentlichen Meinung gleichzusetzen. Auch würde eine professional geplante Vorstandskommunikation, deren einzige Zielgruppe die Medien sind, ihren Zweck verfehlen. Schließlich sollte jede Kommunikation möglichst effektiv, ziel- und zweckgerichtet sein. Dementsprechend wird der Dialog zwischen Wirtschaftsvertretern und jenen der Medien in aller Regel auch nie um seiner selbst willen geführt – er ist, wie auch schon Alfred Herrhausen zu bedenken gab, in aller Regel Mittel zum Zweck: »Journalisten sind nicht das direkte Ziel unserer Kommunikationspolitik; sie sind das Medium, über das wir das Gespräch mit der Öffentlichkeit suchen.«[90]

In diesem Sinne liegen jeder der nun folgenden Rollen bestimmte Wert- und Zielvorstellungen zugrunde, die wiederum bestimmten Anspruchsgruppen zugeordnet werden können.

Der CEO als Visionär

Spätestens seitdem sich das Jugendmagazin *Bravo* zum Tod des bereits zu Lebzeiten legendären Gründers und CEOs des US-amerikanischen Technologiekonzerns Apple, Steve Jobs, erstmals dazu entschloss, einen Wirtschaftsmann mit einem Poster zu ehren, sind Visionäre gefragter denn je. Sei es die Fähigkeit, wie Andy Gove von Intel oder Lou Gerstner von IBM gewichtige Trends und Umbrüche – *strategic inflection points* – zu erkennen oder wie Lord John Browne von BP auch die Rolle des eigenen Unternehmens in der Gesellschaft zu überdenken, CEOs werden gerne auch in der Rolle des Visionärs gesehen. Visionäre, so die häufig vertretene Meinung der Literatur, ist dabei die Fähigkeit, an die Vorstellungskraft der Zuhörer zu appellieren und diese somit besser als andere motivieren und inspirieren zu können – ein klares Merkmal guter Führung.

Der CEO als Stratege

Kaum eine Rolle findet so häufig Erwähnung wie die des Strategen. Seien es Henry Mintzberg, Fredmund Malik, Peter Drucker oder Warren Bennis – die Nuancen mögen variieren, aber die Richtung scheint klar: CEOs müssen in der Lage sein, angesichts der kaum zu bewältigenden Komplexität zwischen zahlreichen alternativen Zukunftsszenarien zu wählen, um auf dieser Basis eine Wirklichkeit zu schaffen, die für die Zielerreichung am erfolgversprechendsten scheint. In der Rolle des Strategen erkennt der CEO, dass es nicht um richtige oder falsche Entscheidungen geht, sondern lediglich um solche, die mehr oder weniger wahrscheinlich ans Ziel führen. Sind solche Entscheidungen erst einmal getroffen, legt er die strategischen Leitplanken fest und ist maßgeblich an der Festlegung und Priorisierung der wichtigsten Fragestellungen und Herausforderungen für die Organisation beteiligt. Darauf aufbauend gibt er Impulse zur kurz- bis mittelfristigen Weiterentwicklung und zum Wachstum des Unternehmens, indem er strategische Initiativen und Projekte initiiert und führt.

Der CEO als Teamplayer

In seinem Bestseller *Der Weg zu den Besten* identifiziert der Autor Jim Collins die Teamfähigkeit von CEOs als ein klares Merkmal jener »Level-5«-Leader, denen es als Einzigen gelinge, aus einem guten Unternehmen ein herausragendes zu machen. Nicht nur in seiner Vorbildfunktion setzt der CEO mit seinem Teamverhalten Maßstäbe im eigenen Unternehmen. Teamplay hat vielmehr auch viel mit dem zu tun, was Bill Gates einst als »Bench Strength« umschrieb. Dieser stellte, ähnlich wie auch die Managementexperten Meredith Belbin oder Adam Bryant, unmissverständlich fest, dass ein multinational aufgestelltes Unternehmen immer nur so gut sei wie das Führungsteam, in dem der CEO aufgehe: »Take our 20 best people away and I can tell you that Microsoft would become an unimportant company.«[91] Der CEO nimmt seine Rolle als eine gemeinschaftliche wahr und repräsentiert mit seinem Team das Unternehmen nach innen wie auch außen. Der Fokus liegt auf der operativen Zielerreichung, nicht auf den persönlichen Eigenschaften einzelner Teammitglieder.

Der CEO als Führungspersönlichkeit

So unterschiedlich die Managementliteratur auch sein mag, wenn sich die wachsende Gemeinde all jener, die über dieses Thema schreiben, auf den kleinsten gemeinsamen Nenner für die Rolle des CEOs einigen müsste, dieser wäre mit »Führung« überschrieben. So zahlreich die Leadership-Literatur ist, so häufig ist die Nennung der Führungsrolle des CEOs. In dieser Rolle obliegt dem CEO die Unternehmensführung. Wird sich häufig der Metapher des Schiffskapitäns bedient, so ist es der CEO, der das Schiff sowohl durch schwierige als auch ruhige Fahrwasser zu navigieren weiß und stets den Überblick behält und Weitblick beweist. Ebenso wenig wie es an Bord eines Schiffes zwei Kapitäne gibt, ist die Führungsrolle eine elitäre, aber auch einsame Rolle. Die Verantwortung obliegt einzig dem CEO, auf diesen und keinen anderen fokussieren sich die Erwartungen interner wie auch einer zunehmenden Zahl externer Anspruchsgruppen.

Der CEO als Verwalter/Bewahrer

In der Rolle des Bewahrers signalisiert der CEO vor allen Dingen Kontinuität. Dies muss keineswegs mit Stillstand einhergehen, häufiger wird der Vorstandsvorsitzende in dieser Rolle von Evolution anstelle von Revolution sprechen. Die Rolle des Bewahrers wird in der Leadership-Literatur zwar nicht allzu häufig erwähnt – zu sehr angelehnt an die wenig aufregend erscheinende Rolle des Verwalters scheint diese zu sein. Dennoch ist sie einer jener Rollen, die in der öffentlichen Diskussion explizit und implizit am häufigsten gefordert wird.

Der CEO als Change Agent

Warren Bennis, James Kouzes und Barry Posner oder auch Stephen R. Covey, sie alle schreiben äußerst prominent über die Rolle des CEOs als Katalysator des Wandels. Womöglich ist diese Rolle, anders als bei jener des Bewahrers, auch deshalb so interessant, weil sie abermals die Persönlichkeit stark in den Fokus rückt. Denn kaum eine Rolle lebt so sehr von persönlichen Attributen: Empathie, Willenskraft, Kreativität, Überzeugung oder Selbstsicherheit – die Liste der Eigenschaften, die derjenige, der diese Rolle ausfüllen will, aufweisen müsste, ist lang. Insbesondere in Zeiten der Krise scheint sich die Rolle des Change Agents großer Beliebtheit zu erfreuen.

Der CEO als Manager

Anders als in seiner Rolle als Führungspersönlichkeit ist diese Rolle eine recht introvertierte. Der Blick ist nach innen gerichtet. Als »Macher« oder auch »Taktiker« stehen die Umsetzung von Teilstrategien sowie das Management von klar definierten Prozessen im Fokus. Effizienz, nicht Effektivität, ist sein überragendes Motiv.

Es liegt in der Natur der Aufgabe, dass der CEO seinen Führungsanspruch auch über die Rolle des Managers definiert. Zwar mag ein solch beschränktes Rollenverständnis in Zeiten, in denen die Ausweitung des Rollenverständnisses über die Grenzen des Unternehmens hinaus die Leadership-Literatur dominiert, wenig Aufmerksamkeit erzielen. Die Rolle des Managers gehört aber noch immer zur DNA des CEOs.

Der CEO als Corporate Citizen

Während der CEO in seiner Rolle als Manager den Blick streng nach innen gerichtet hat, übernimmt er in seiner Rolle als Corporate Citizen zusehends gesellschaftliche und repräsentative Aufgaben. Als Corporate Citizen vertritt er das Unternehmen und dessen Belange gegenüber der Gesellschaft. Als Integrations- und Identifikationsfigur des eigenen Unternehmens sind CEOs in dieser Rolle geradezu dafür prädestiniert, durch ihre persönlichen Stellungnahmen und Maßnahmen im Bereich Corporate Social Responsibility und Corporate Citizenship für öffentliches Vertrauen sowie Akzeptanz zu werben.[92] Interessanterweise hat die Rolle des Corporate Citizen insbesondere in und nach der Krise einen regelrechten Aufschwung erfahren und gilt heute zumindest in der öffentlichen Darstellung als integraler Bestandteil des Vorstandsvorsitzes.

Es entspricht der Natur der Sache, dass diese Liste der Rollenerwartungen nicht abschließend sein kann. Genauso diversifiziert, fragmentiert und spezialisiert wie ihr Umfeld können auch Unternehmen sowie die Rollenerwartungen an den CEO sein. Dennoch bieten die dargestellten Rollen eine gute Ausgangbasis für die weitere Betrachtung der Rollendefinition des CEOs.

Verortung der Rollenerwartungen entlang einer Matrix

Auch wenn in der Leadership-Literatur häufig der Versuch unternommen wird, einzelne der soeben beschriebenen Rollen anderen klar vorzuziehen, definiert sich die Rolle des CEOs über alle Rollenerwartungen. Sei es der Visionär, der Change Agent oder der Stratege, all dies sind Facetten ein und derselben übergeordneten CEO-Rolle. Wer dennoch eine Facette klar priorisiert und alle anderen ignoriert, der beschädigt nicht nur die Integrität seiner Rolle. Vielmehr würde ein solches Vorgehen unweigerlich auch dazu führen, dass die Erwartungen, Belange und Bedürfnisse von einigen Anspruchsgruppen ignoriert und somit das Risiko von Missverständnissen und Widerständen ansteigen würden.

Doch wie kann es gelingen, die eigene Rolle zu definieren, wenn zumindest einige dieser Rollen entgegengesetzte Ziele verfolgen, aber keine Rolle ausgeschlossen oder diskriminiert werden darf?

Die Antwort: indem man die Rollen in einer Matrix organisiert. Um die Integrität aller Rollen zu wahren und dies entsprechend anschaulich aufzubereiten, empfiehlt sich eine Darstellung im Kreis (siehe Abbildung 3).

Warum ein Kreis? Ein Kreis vermag wie keine andere Form die Realität des Vorstandsvorsitzenden darzustellen. Denn auch wenn designierte CEOs schon zuvor als Vorstände Verantwortung übernommen oder wie der CFO bereits im Kontakt mit externen Stakeholdern geübt sind, ist der Unterschied zum Vorstandsvorsitz nicht zu unterschätzen.

Zunächst gibt es einen Unterschied der Perspektive. Anwärter auf den Posten des Unternehmensvorsitzes sind in aller Regel geübt im Umgang mit einzelnen Stakeholdern, meist aber sind diese so begrenzt in der Zahl, dass sie im Blickfeld bleiben. Als Vorsitzender des Unternehmens wird sich die Welt jedoch anders darstellen. CEOs berichten immer wieder, wie sehr der Druck der Öffentlichkeit zunimmt und wie wenig sie auf diese Rolle vorbereitet wurden. Plötzlich finden sie sich in der Mitte, keineswegs mehr an der Spitze einer romantisierten Pyramide, die Weitblick suggeriert und nur als Organigramm, keinesfalls aber zur Standortbestimmung taugt. Kai-Uwe Ricke, der ehemalige Vorstandsvorsitzende der Deutschen Telekom AG, brachte dies in einem Interview auf den Punkt. Gefragt, welchen Zwang er nach der Berufung zum Vorstandsvorsitzenden zuerst spürte, antwortete Ricke: »Die Öffentlichkeit. Diese habe ich unterschätzt.« Interessant ist jedoch insbesondere Rickes Antwort auf die Nachfrage des Interviewers, was

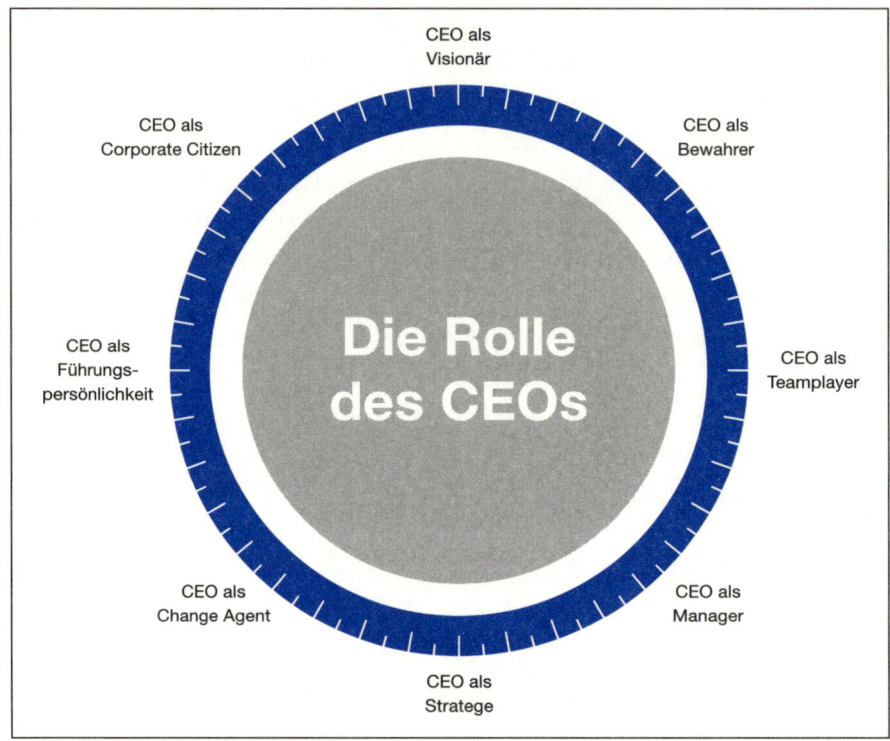

genau er unterschätzt habe. Rickes Antwort: »Die Rolle, die ich hätte spielen müssen.«[93] Immer wieder stellen CEOs fest, dass der Druck explosionsartig zunimmt, wenn sie den Posten des Unternehmensvorsitzes übernehmen. Von allen Seiten werden sie mit Erwartungen konfrontiert. Wer sich wendet, um einer Gruppe Aufmerksamkeit zu schenken, droht den anderen den Rücken oder gar die kalte Schulter zu zeigen. Wer jedoch alle gleichsam im Blick haben will, der läuft Gefahr, sich im Kreis zu drehen und kaum greifbar zu sein.

Neben der Perspektive schafft der Kreis jedoch auch das Bewusstsein für die eigene Rolle sowie für das Umfeld, das diese Rolle ebenso sehr beeinflusst wie der eigene Wille. Wer seine Rolle definiert, der muss dies im Bewusstsein für sein Umfeld tun. Die Aufgabe wird dadurch keineswegs einfacher, aber sie wird berechenbarer, da Überraschungen, die sich in den klassischen blinden Flecken des Managements formen, ausbleiben.

Zu guter Letzt diszipliniert der Kreis aber auch, denn wer ihn nicht durchbrechen will, der akzeptiert auch jene Rollenerwartungen, die ihm persönlich nicht liegen mögen. Dies ist freilich kein Rezept für Erfolg, aber es eröffnet die Möglichkeit, Erwartungslücken zu schließen, bevor man in sie hineinstolpert.

Die Möglichkeiten und Grenzen des CEO-Navigators im Überblick

Bevor im Folgenden näher auf wesentliche Eigenschaften des CEO-Navigators eingegangen wird, wollen wir bereits hier kurz einige ihrer Vorteile und Möglichkeiten illustrieren.

Erstens: Eine solche Anordnung der Rollen ermöglicht die Darstellung der zwei integralen Hemisphären der CEO-Rolle. Die südliche Hemisphäre ist die weitgehend bekannte des »Machers«. Sie vereint Rollenerwartungen, in denen nahezu alle CEOs geübt sind. Als Strategen, Manager oder auch Change Agent wurde bereits zuvor Verantwortung übernommen. Die nördliche Hemisphäre hingegen erfordert ein das Unternehmen transzendierendes, staatsmännisches Verständnis der CEO-Rolle. Als Corporate Citizen, Visionär oder auch Bewahrer ist der Blick gleichermaßen nach außen wie nach innen gerichtet. Es sind insbesondere diese staatsmännisch geprägten Rollen, die ein Höchstmaß an Empathie und Sozialkompetenz erfordern. Die Rollen des Teamplayers und der Führungspersönlichkeit stellen hingegen das verbindende Element zwischen beiden Hemisphären dar.

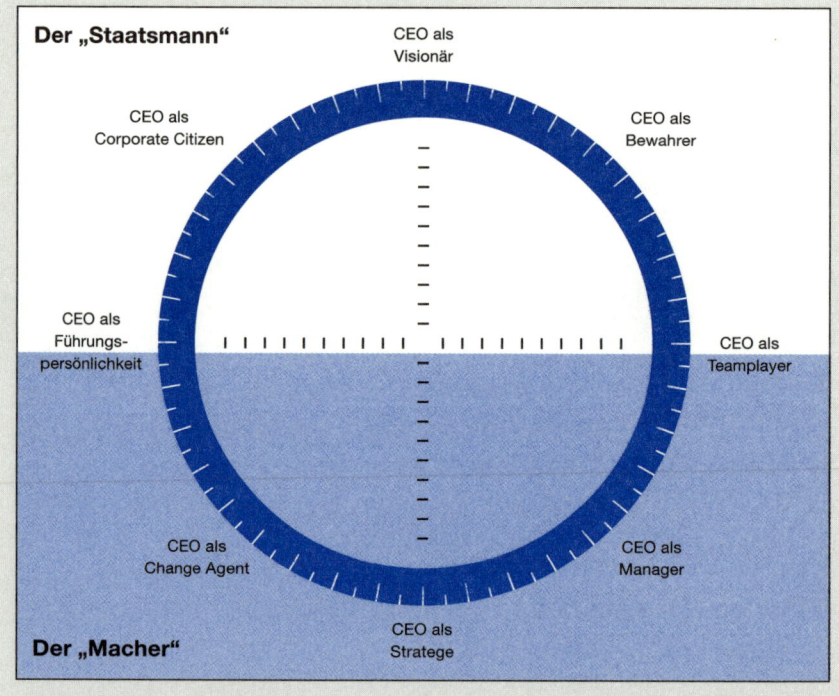

Zweitens: Alle Rollen bilden zusammen die integrative Rolle des CEOs. Die Darstellung im Kreis verrät es bereits: Keine Rolle kann entfernt oder ignoriert werden, ohne die Integrität der Rolle zu gefährden. Da hinter jeder Rolle eine Vielzahl an Stakeholder steht, die dem CEO über diese verbunden sind, gilt es zunächst einmal festzustellen, dass prinzipiell alle Rollen gleich wichtig sind. Will man nun also die Rolle des CEOs definieren, wäre eine fiktive Rollendefinition, die alle Rollen gleichsam berücksichtigt – in der Grafik grau eingefärbt –, das Optimum, da hier keine Rolle einer anderen vorgezogen und alle Erwartungen zu gleichen Teilen berücksichtigt würden.

Eine solche Feststellung hat freilich nur theoretischen Wert, da eine derartige Positionierung a) kaum in der Realität anzutreffen ist und b) ihr charakterliche Wiedererkennungsmerkmale fremd wären (man könnte kaum »Kante zeigen«).

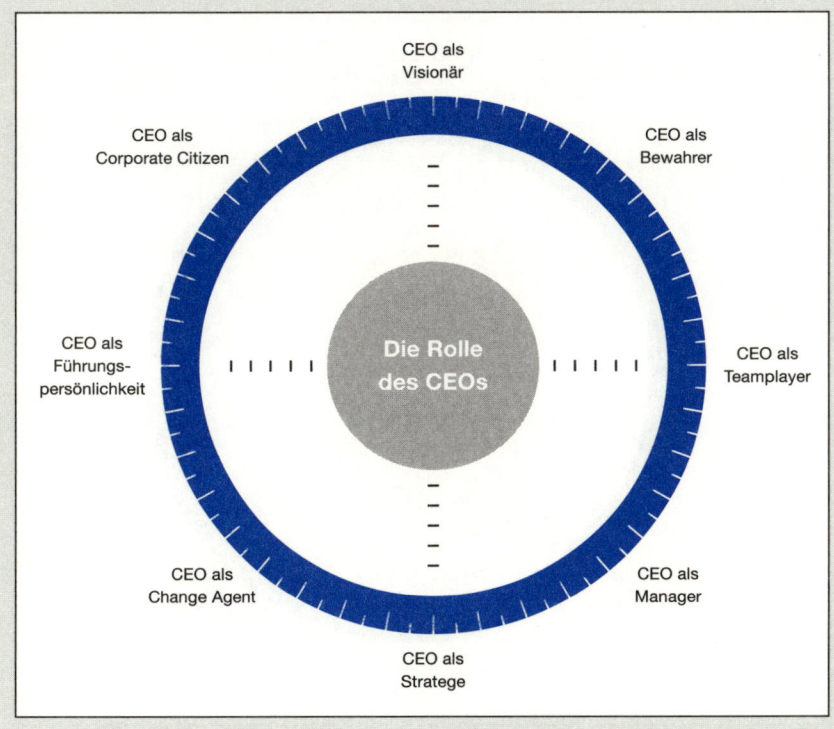

Drittens: Die Anordnung mancher Rollen an entgegengesetzten Polen – zum Beispiel Bewahrer versus Change Agent – bedeutet *nicht*, dass sie sich gegenseitig ausschließen und eine Auswahl stattfinden muss. Vielmehr geht es darum, die einzelnen Rollen als Schwerpunkte zu sehen. Wie im Endeffekt der Schwerpunkt zu setzen ist, hängt stark davon ab, wie der CEO seine Aufgabe definiert. Ein Vorstandsvorsitzender, der für einen Restrukturierungsprozess mandatiert wird, würde, wie hier vereinfacht dargestellt, in seiner Rollendefinition die Rolle des Change Agents sicherlich stärker betonen als jene des Bewahrers.

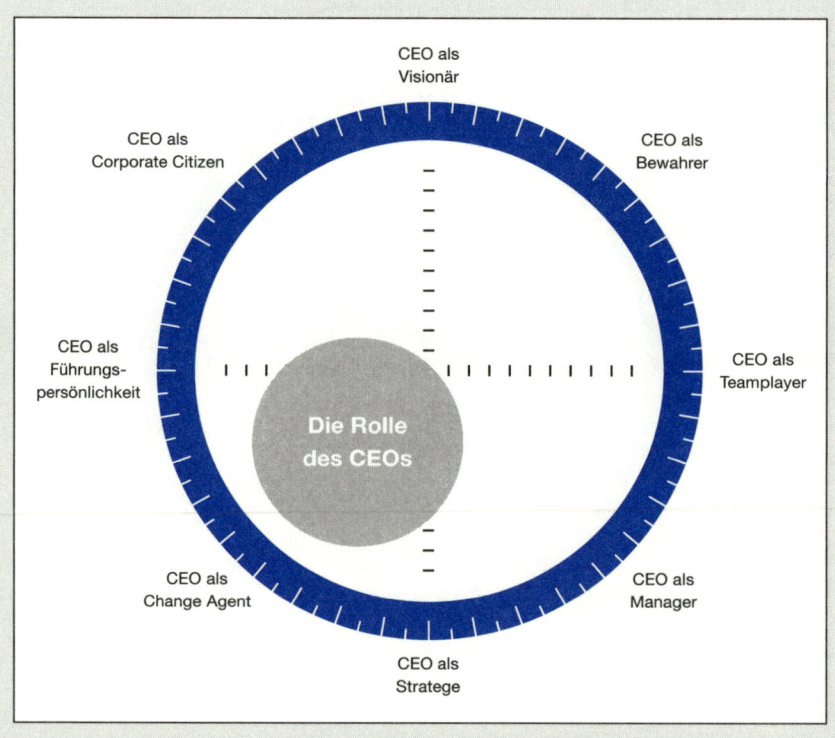

Viertens: Dies bedeutet im Umkehrschluss, dass die Integrität der Rolle beschädigt und ein Ausgleich erschwert würden, wenn man sich in seiner Rollendefinition auf eine einzige Rolle, zum Beispiel ausschließlich die des Change Agents, beschränken würde. Eine solche Rollendefinition, wie abermals vereinfacht dargestellt, würde ein Extrem darstellen. Mangels Bewusstsein für die anderen Rollen sowie die Bedürfnisse und Erwartungen jener Stakeholder, die hinter dieser Rolle stehen, wäre es schwer, Verständnis für Letztere zu entwickeln und Verständigung zu erzielen. Im Umkehrschluss könnte jedoch auch der CEO nicht mit Verständnis rechnen. Missverständnisse und Widerstände wären die mögliche Folge.

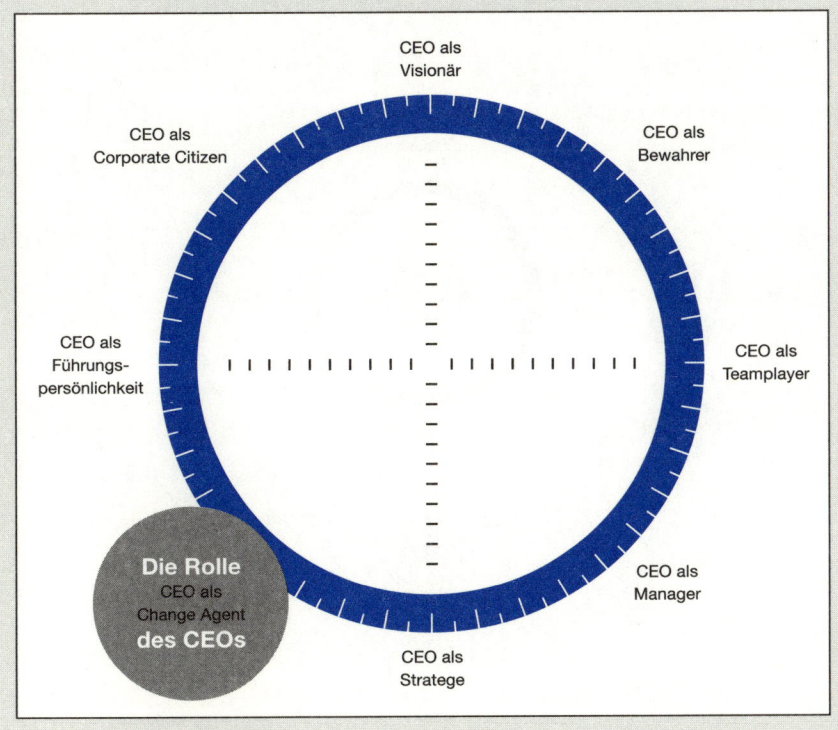

Fünftens: Jede Rolle korrespondiert immer auch mit einem bestimmten Verständnis der Führungsaufgabe. Diese lässt sich nun ebenfalls in Kreisform anordnen. Auch hier gilt: Wer sich einzig auf eine Aufgabe fokussiert, wird andere Aufgaben vernachlässigen. Ziel ist es vielmehr, einen Aufgabenschwerpunkt zu setzen, ohne aber andere Aufgaben, die für die Unternehmensführung zwar augenblicklich nicht prioritär, aber dennoch relevant sind, zu vernachlässigen.

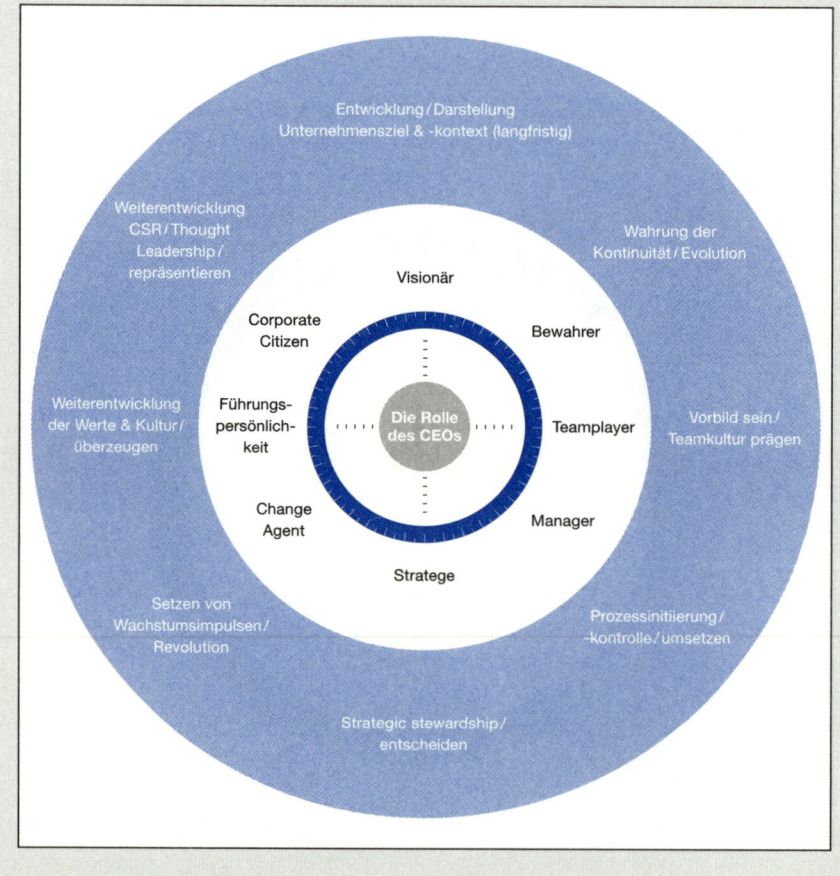

Sechstens: In seiner Rolle als Integrationsfigur und Moderator unterschiedlichster Interessen steht der Ausgleich unter Wahrung der eigenen Interessen im Vordergrund. Da die einzelnen Rollen (zum Beispiel Bewahrer oder Visionär) der übergeordneten CEO-Rolle nichts anderes sind als Rollenerwartungen einer Vielzahl von Stakeholdern, ist es demnach auch möglich, diese in der Matrix zu verorten. So ist »good corporate citizenship« zum Beispiel eine der am meisten geäußerten Rollenerwartung der Politik an den CEO. Entsprechend könnte man die Politik an der Rolle des Corporate Citizen andocken. Dies bedeutet natürlich keineswegs, dass Politiker keine anderen Rollenerwartungen an den CEO haben können, der Schwerpunkt jedoch läge hier. Wie zuvor bereits angemerkt, bedarf es auch hier immer einer Einzelfallbetrachtung.

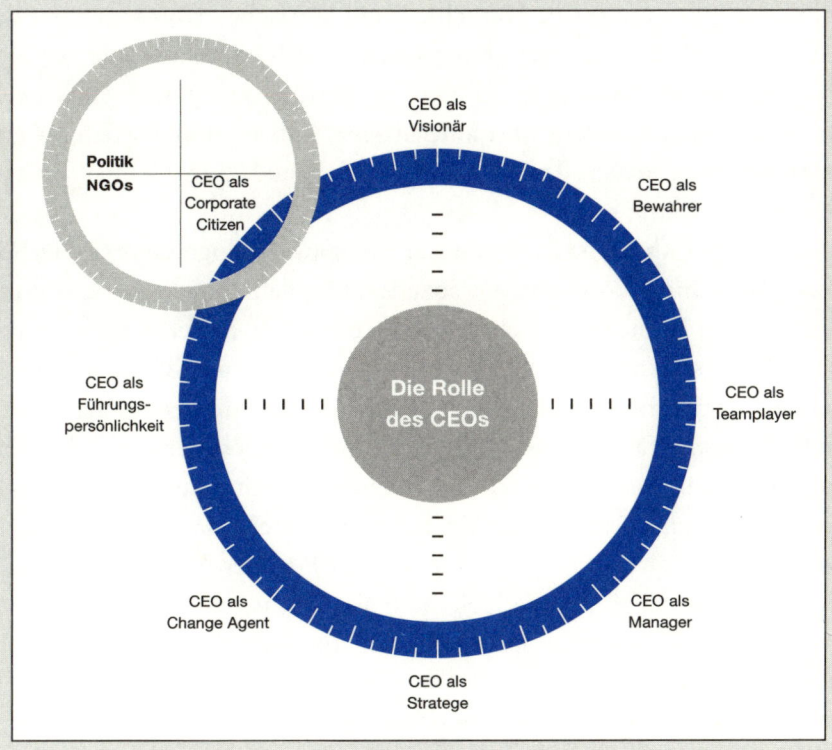

Es ist nun also möglich, mithilfe des CEO-Navigators die öffentliche Erwartungshaltung an die Rolle des Vorstandsvorsitzenden abzubilden. Bleibt die Frage, inwiefern man innerhalb dieser Rahmenbedingungen nun seine eigenen Akzente setzen kann.

Authentizität und die Definition der eigenen Rolle innerhalb der Matrix

Sehen sich Führungskräfte erstmals mit der nun definierten Rollenvielfalt konfrontiert, überwiegt neben einem Höchstmaß an Skepsis meist der Wunsch, so zu bleiben »wie man ist«. Weder wolle man schauspielern noch die eigene Persönlichkeit »verbiegen«.

So nachvollziehbar ein solcher Wunsch ist, er basiert auf der falschen Annahme, dass unsere Persönlichkeit ein statisches Konstrukt ist, das sich seine Authentizität eben durch jenen Anspruch, man wolle »so bleiben wie man ist«, bewahren möchte. In Wirklichkeit jedoch entwickeln wir unsere Persönlichkeit im Laufe unseres Lebens immer weiter – und die Übernahme neuer Rollen trägt entscheidend zum Gelingen dieser Weiterentwicklung bei.

So schrieb zum Beispiel schon der Sozialpsychologe George Herbert Mead, dass man kooperatives soziales Handeln erst dann ausbilden könne, wenn man lerne, sich selbst in die Rolle anderer hineinzuversetzen.[94] Dies lernt nach Mead bereits das Kind mithilfe seiner Spiele und der Nachahmung bestimmter Rollen der Erwachsenen, also durch ein Rollenspiel. Dabei muss man nicht immer auch der Rolleninhaber sein, um die eigene Perspektive zu erweitern. Allein das bewusste Sich-Hineinversetzen in eine andere Rolle schärft bereits das Bewusstsein für andere Sichtweisen und trägt somit zu einer besseren Verständigung bei. Als Beobachter kann man jedoch noch aus Distanz entscheiden, ob eine bestimmte Rolle zusagt oder ob man nicht doch lieber sagt: »Das ist nichts für mich.«

Anders stellt sich dies dar, wenn man sich erst bereit erklärt hat, eine bestimmte Rolle auszufüllen. Übernimmt man zum Beispiel die Rolle des Vaters, dann sieht man sich auch hier einer Reihe von Rollenerwartungen gegenüber. Wir sind uns dessen zwar nur selten bewusst, dennoch akzeptieren wir diese Rollenerwartungen in aller Regel als legitim. So würde man es meist als eine Selbstverständlichkeit empfinden, wenn man in der Rolle des Vaters der Erwartung Folge leistet, zukünftig mehr Verantwortung zu übernehmen.

Kaum jemand würde der Auffassung widersprechen, die Übernahme der Vaterrolle würde die eigene Persönlichkeit nicht weiterentwickeln oder gar um einige überaus positive Aspekte bereichern. Doch soll dies nicht darüber hinwegtäuschen, dass auch die Übernahme der Vaterrolle ein klares Arrangement der persönlichen Wert- und Erwartungshaltungen mit jenen der Gesellschaft oder Kultur darstellt.

Ähnlich verhält es sich mit der CEO-Rolle. Wem es gelingt, den Raum zwischen den Rollenerwartungen flexibel und variabel für sich zu gestalten, und wer dabei eine aktive Rolle für sich beansprucht, der wird sich zwangsläufig in seiner Persönlichkeit weiterentwickeln: »So wie es nach der Einschätzung der Situation erforderlich ist, ist man dann beispielsweise in der Lage, zwischen der Rolle des ›Entscheiders‹, des ›Zuhörers‹, des ›Unterstützers‹ oder des ›Konfliktaustragers‹ zu wechseln. Eine Persönlichkeit hat sich damit so ausdifferenziert, dass sie über ein breites Handlungsspektrum verfügt«, schreibt Rainer Bäcker.[95]

Macht man sich mit seinen neuen Rollen vertraut, besteht freilich immer auch das Risiko, dass sich einige wenige Führungsrollen verfestigen und starr werden: »Man lebt dann beispielsweise nun noch den ›Entscheider‹, der andere gar nicht mehr beteiligen kann – die Fähigkeit, sich selbst zurückzunehmen und anderen zuzuhören, verkümmert –, und objektiv betrachtet verliert man so an Wahrnehmungs-, Entscheidungs- und Handlungsraum. Man ist dann durch die wenigen Rollen, in denen man sich bewegt, so festgelegt, dass man nur noch wenige eigene Gestaltungsmöglichkeiten in den konkreten Führungssituationen hat. Der Preis dieser ›Einfachheit‹ ist eine Einschränkung der Selbstgestaltung und der Handlungsmöglichkeiten«[96], so Bäcker.

So verständlich also die erste Reaktion auf die mit der Führungsrolle einhergehende Rollenvielfalt ist, so unbegründet ist der häufige Vorwurf, man müsse sich verbiegen oder fortan schauspielern. Wenn auch unter stark veränderten Vorzeichen, so ist doch auch die CEO-Rolle eine konsequente Fortsetzung der persönlichen Rollengeschichte, die in einem hohen Maße einen festen Teil der Persönlichkeit bilden. Wie in vielfältiger Weise zuvor wirkt auch die Übernahme und Auseinandersetzung mit den Rollenanforderungen und -erwartungen des Vorstandsvorsitzes in hohem Maße auf die eigene Persönlichkeit ein und verändert diese. Der Vorwurf der Schauspielerei ist vor diesem Hintergrund also ebenso unbegründet wie die Vermutung, die Definition der eigenen Rolle vis-à-vis der Rollenerwartungen gehe zulasten der eigenen Authentizität.

Allerdings bleibt die Frage, inwiefern sich öffentliche Erwartungen überhaupt moderieren lassen. Ist es möglich, eigene Akzente zu setzen oder gar das Rollenverständnis grundlegend zu prägen? Und wie kann es gelingen, eigene persönliche Schwerpunkte mit der CEO-Rolle zu arrangieren?

Auch wenn die jeweiligen Rollenerwartungen rein theoretisch an die abstrakte Funktion des CEOs gerichtet sind und somit immer auch ein wenig unabhängig von der jeweiligen Person bestehen bleiben – nur so können Erwartungen schließlich auch vom Vorgänger zum Nachfolger weitergereicht werden –, hat eine solche Unterscheidung kaum mehr praktische Relevanz. Zum einen, da die fortschreitende Personalisierung keinerlei Unterscheidung zwischen dem CEO als Person und Rolleninhaber zulässt. Zum anderen, da die Rolle ja gerade erst durch seinen Träger zum Leben erweckt wird. Dies bedeutet nun also, dass Rollen keineswegs quasi entpersönlichte Elemente einer Organisationsstruktur sind. George Herbert Mead erwartet vielmehr, dass sich die Rolle zwischen dem Rollenträger und den relevanten Personen seiner jeweiligen Umgebung in einem Prozess der wechselseitigen Zuschreibung und Antizipation von Zuschreibungen ausbildet und definiert.[97] »In diesem Sinne findet so eine Art gegenseitiger ›Einsteuerung‹ in ›Rollen‹ und Rollenerwartungen statt, denen der Einzelne nicht nur ausgeliefert ist, sondern die er auch durch seine Fähigkeit, sich selbst reflexiv zu betrachten und so sich zu sich selbst in Distanz zu setzen, aktiv gestalten kann. Dies gilt auch für die Rollenerwartungen, die als organisationale Zwänge dem Einzelnen gegenübertreten.«[98]

Wichtigste Grundvoraussetzung für das Gelingen eines solchen »Einsteuerns« ist jedoch das Bewusstsein für die Rollenerwartungen der relevanten Stakeholder. Da diese im Fall der CEO-Rolle bereits durch den CEO-Navigator abgebildet werden, ist mithilfe dessen zumindest das erste Etappenziel erreicht. Die zweite Herausforderung liegt nun also darin, die eigenen Akzente im Kontext der genannten Erwartungen zu definieren und somit der Aufforderung des »Einsteuerns« aktiv nachzukommen.

Anhand des CEO-Navigators gilt es zunächst zu untersuchen, welche Akzente und Schwerpunkte gesetzt werden können, die mit der Persönlichkeit des CEOs harmonieren. Verfügt jemand über ein Höchstmaß an emotionaler Intelligenz und Empathie, dann wird sich dieser der Rolle des Teamplayers oder der Führungspersönlichkeit eher zugeneigt fühlen als jener des eher prozessorientierten Managers. Oder liegt jemandem die Übernahme der gesellschaftlichen Verantwortung des eigenen Unternehmens persönlich am Herzen, dann wird er die Rolle des Corporate Citizen besonders akzentuieren wollen. Wer hingegen unter großem Druck und auf lange Zeit versucht, etwas zu sein, was er nicht ist, der wird den Druck als übermäßig empfinden und auf kurz oder lang seine Glaubwürdigkeit aufs Spiel setzen.

Für die Rollendefinition bedeutet dies, dass sehr genau überlegt werden sollte, wo die eigenen Stärken und Schwächen liegen.

Nehmen wir nun also beispielhaft an, dass Sie bisher immer gut als Macher, als Umsetzer und Manager gefahren sind. Sie haben in zahlreichen Situationen bewiesen, dass Sie Projektverantwortung übernehmen können. Sie »liefern«, und das kontinuierlich. Ihre Arbeit ist mehr taktischer als strategischer Natur. Es gelingt Ihnen, sich innerhalb des vorgegebenen Rahmens schnell auf mögliche Widerstände einzustellen und diese zu umgehen. Das kurzfristige Ziel immer vor Augen, ist Ihre Welt Ihr Projekt. Sie interessieren sich kaum für größere strategische Weichenstellungen oder gar Visionen und erst recht nicht für gesellschaftliche Fragen.

Nun könnte man annehmen, dass Ihr Profil ungefähr aussehen könnte, wie in Abbildung 4 dargestellt.

Eine solche Darstellung dient selbstverständlich nicht dem Ziel, ein Psychogramm zu erstellen. Es geht lediglich um die Darstellung des eigenen Rollenverständnisses.

Abbildung 4: Darstellung des eigenen Rollenprofils vis-à-vis der öffentlichen Rollenerwartungen

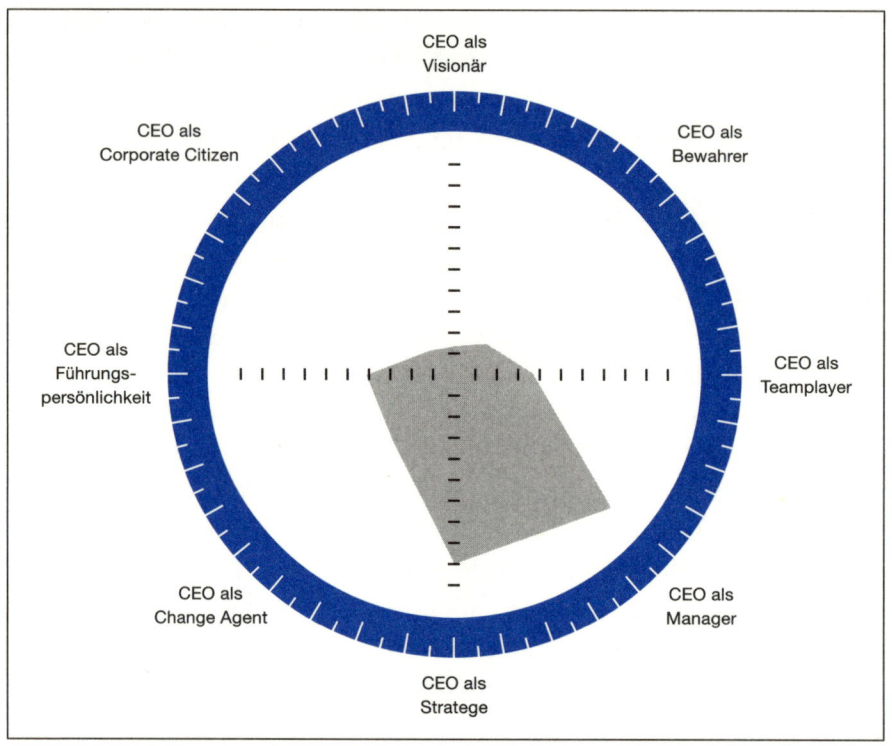

Fast zwangsläufig ergibt sich aus einer solchen Betrachtung die Frage, wie genau ein solches Profil erstellt werden kann. Auf welcher Bemessungsgrundlage beruht es? Und inwiefern sind die Ergebnisse/Zahlen belastbar? Solche Fragen sind ebenso berechtigt wie naheliegend. Allerdings wäre es irreführend anzunehmen, dass es möglich ist, einzig aufgrund quantitativer Analysen oder Berechnungen zur gewünschten Positionsbeschreibung oder gar Rollendefinition zu gelangen. Zwar bilden detaillierte Analysen der medialen Wahrnehmung und Untersuchungen über konkrete wie auch zu erwartende Erwartungen an den CEO das Fundament für solche Definitionen. Auch das Modell des CEO-Navigators basiert auf quantitativen sowie qualitativen Analysen. Die abschließende Deutung und Bewertung erfordern jedoch angesichts der wachsenden Dynamik und Komplexität, denen sich CEOs heute gegenübersehen, mehr denn je auch die Bereitschaft, der eigenen Intuition und Erfahrung ebenso wie dem gesunden Menschenverstand zu vertrauen. Am besten gelingt dies freilich mit der notwendigen Distanz oder der Hilfe unabhängiger Dritter. Denn wer die der Positionsbeschreibung zugrunde liegende Medienanalyse unbelastet einordnen und bewerten kann, ist klar im Vorteil. Grundsätzlich gilt jedoch: Ohne solch qualitative *judgement calls* kommt der Navigator nicht aus. Eine wie auch immer geartete Quantifizierung ist schlichtweg nicht möglich.

Zurück zum Modell: Der Vorteil der gewählten Darstellung ist die grafische Verortung des eigenen Profils vis-à-vis der öffentlichen Rollenerwartungen. Anhand des Modells ist es nun möglich, weitergehende Fragen zu stellen. Wie will man fortan wahrgenommen werden? Wo will man Schwerpunkte setzen? Wo müssen Brücken geschlagen werden? Inwiefern können Trennendes identifiziert und Verbindendes betont werden? Welche Sprache muss gesprochen werden, um auch jene zu erreichen, die den eigenen Positionen am entferntesten sind?

Dass es nicht nur nützlich und hilfreich sein kann, sondern notwendig, das zeigt das folgende Kapitel.

Der CEO-Navigator in der Anwendung

Wie wir bisher haben darlegen können, fällt der Rolle des Vorstandsvorsitzenden im Kontext der zahlreichen Rollenerwartungen eine im direkten Vergleich zu den zahlreichen weiteren Führungspositionen innerhalb des Unternehmens herausragende Bedeutung zu. Wir haben darlegen können, dass Übernahme und Auseinandersetzung mit den Rollenanforderungen und -erwartungen des Vorstandsvorsitzes in hohem Maße auf die eigene Persönlichkeit einwirken, ohne jedoch die eigene Authentizität zu gefährden. Unser Ziel war es, ein Verständnis für die Führungsrolle des CEOs zu schaffen und auf dieser Basis bestehende Vorbehalte gegenüber einer eigenen Positionierung und Rollendefinition abzubauen. Um nun in einem zweiten Schritt die bereits im Rahmen der Vorstellung des CEO-Navigators angesprochenen Möglichkeiten des Modells näher darlegen zu können, ist es zunächst wichtig, ein besseres Verständnis für das Thema Führung zu generieren. Inwiefern ist eine klare Definition der Führungs*rolle* notwendig für das Gelingen der Führungs*aufgabe*? Welchen Mehrwert leistet der CEO-Navigator und welche Möglichkeiten ergeben sich für die Anwendbarkeit des CEO-Navigators durch die gemeinsame Betrachtung von Führungs*rolle* und Führungs*aufgabe*?

Ein neues Verständnis von Führung

Führung ist eine sonderbare Sache. Mit kaum einem Begriff werden Vorstandsvorsitzende häufiger in Verbindung gebracht wie mit dem Wort Führung. Allein bei Amazon gibt es rund 80 000 Bücher zum Thema Leadership und noch einmal 2 000 Bücher zum Thema Führung. Das Spektrum reicht von Strategien über Lebenshilfen bis hin zu Biografien berühmter Managementgrößen, deren Leben dem eigenen Führungsverhalten zum Vorbild dienen soll. Die Mehrheit dieser Bücher eint drei Dinge:[99]

1. **Sie fokussieren sich auf das Individuum.** Ob bestimmte Charakter- oder Verhaltenszüge, der Erfolg liegt in der jeweiligen Führungsfigur begründet – situative Faktoren spielen kaum eine Rolle.
2. **Sie behandeln das Thema *Leadership* als etwas Eigenständiges.** Die Literatur scheint oftmals so fixiert auf das Thema Führung, dass man das Gefühl bekommen könnte, ein gute Führungsfigur könne überall, unabhängig von der Aufgabe, eingesetzt werden. Nur selten wird tatsächlich die Frage gestellt: »Führung von was?«
3. **Sie erwecken den Eindruck, es gäbe den *einen, richtigen* Führungsstil.** Sei es der kooperative, autoritäre oder gar autokratische Führungsstil, häufig wird der Eindruck erweckt, es gäbe einen Führungsstil, der für alle Zeiten seine Gültigkeit behalten könne.

Die Fokussierung auf einzelne Individuen und deren Attribute verwundert kaum, immerhin spiegelt sie die sehr personalisierte Berichterstattung und die öffentliche Obsession für scheinbar geborene Führungspersönlichkeiten à la Steve Jobs, Jack Welch, oder Lou Gerstner wider. So unterhaltsam eine solche Betrachtung des Themas Führung auch sein mag, die Realität stellt sich anders dar. Erfahrene Manager wissen, dass deren Aufgabe keineswegs leichter wird, wenn man bestimmte Charakterzüge erfolgreicher Manager kopiert. Auch darf bezweifelt werden, dass Steve Jobs oder Bill Gates bei einem Schwäbischen Maschinenbauer ähnlich erfolgreich gewesen wären wie im Silicon Valley.

Aber noch immer gilt: Denkt man an Führung, vollziehen sich vor unserem geistigen Auge fast automatisch heroische Szenen. Man denkt an charismatische Führungspersönlichkeiten, geboren, um zu führen. Es sind die Zeiten der Unruhe, des Krieges und der Krise, die in jenen geborenen Führern das Beste erwecken und deren außergewöhnlichen Fähigkeiten für jeden ersichtlich machen. Entsprechend hoch im Kurs steht bei Nachwuchsmanagern noch immer die Kriegsliteratur. Seien es Clausewitz' *Vom Kriege* oder Sun Tsus *The Art of War*: Es gibt kaum einen Topmanager, der sich dieser Literatur nicht genähert hätte.

Ein solches Verständnis von Führung wird dieser jedoch nicht gerecht. Jede Zeit hat ihr eigenes Verständnis von Führung. Seien es die Umbrüche der 1980/90er Jahre insbesondere in den angelsächsischen Ländern, die mit einem eher autoritären Führungsstil einhergingen, oder die derzeitigen Herausforderungen, deren Lösung nach einem bescheideneren, kooperativeren Führungsstil verlangt: Wer akzeptiert, dass sich die Welt stetig wandelt, der darf auch den Führungsbegriff nicht dogmatisieren.

Was also ist Führung? Und was bedeutet dies für unser gängiges Führungsverständnis?

Führung muss man sich verdienen

Was ist die eine Sache, die alle *Leader*[100] gemeinsam haben? Der Managementexperte Peter Drucker hat darauf eine überraschend einfache Antwort: *Follower.*[101] Dies mag eine recht nüchterne Feststellung sein, aber ein solcher Blick aufs Wesentliche zeigt, dass es die geborene Führungspersönlichkeit nicht gibt. Es braucht jene, die diesem zugeordnet sind oder sich diesem zuordnen lassen, die Gefolgschaft. Damit wird die Beziehung zu einem wichtigen Element des Führens.

Um die elementare Rolle der Beziehung zwischen Führungspersönlichkeit und Gefolgschaft noch zu untermauern, gilt es, mit einem weiteren weitverbreiteten Vorurteil aufzuräumen. Denn Führung ist entgegen der zahlreichen Berichte über glorreiche Führungspersönlichkeiten keineswegs nur ein elitäres Phänomen. Führung ist etwas Alltägliches, fast schon Profanes – einzig unser Bewusstsein dafür fehlt. So weisen manche der Rollen, die wir im alltäglichen Leben übernehmen, klare Führungsmerkmale auf. Das Verhältnis des Mitarbeiters zur Führungskraft in Unternehmen ergibt sich meist bereits aus dem formellen Verweis auf die Hierarchie. Bei anderen Rollen bedarf es jedoch keiner expliziten Regelung. So wird zum Beispiel von der Mutter oder vom Vater erwartet, die Kinder zu erziehen. Ähnliches wird von der Lehrkraft erwartet. Und auch mancher Pfarrer mag seine Rolle seiner Gemeinde gegenüber als Führungsrolle definieren.

Zwei Dinge sind hierbei entscheidend:

1. **Führung ergibt sich aus der Beziehung,** sei es die Beziehung der Mutter zum Kind, des Lehrers zum Schüler oder eben des Managers zu seinem Mitarbeiter. Eine Führungskraft mag dank ihrer hierarchischen Position über ein gewisses Maß an Autorität verfügen. Ist die Beziehung zwischen der Führungskraft und den Mitarbeitern jedoch belastet oder angespannt, dann reicht ein Verweis auf diese Autorität in aller Regel nicht aus, um die *gewünschten* Resultate zu erzielen.

2. **Führung findet niemals in einem Vakuum statt.** Die Führungsrolle *per se* gibt es nicht, ebenso wenig wie eine reine *Leader/Follower*-Beziehung. Führung ist vielmehr immer verbunden mit der spezifischen Rolle, in der Führung ausgeübt oder erwartet wird. Geführt wird in der Rolle der Mutter oder des Vaters oder eben in der Rolle des Managers oder CEOs, aber niemals unabhängig davon. Wäre dies anders, würden sich fast zwangsläufig Fragen ergeben, für die es keine Antwort gäbe: Wer soll wohin oder mit welchem Zweck geführt werden?

Konsequenterweise kritisieren die Managementexperten Elliott Jaques und Stephen D. Clement, dass der Großteil der Leadership-Literatur ihr Ziel verfehle. Zu häufig fokussiere sie sich auf Persönlichkeitsmerkmale oder Eigenschaften vermeintlicher Führungsgrößen; zu selten sei die Beziehung oder die eigentliche Rolle Gegenstand der Betrachtung: »It's therefore no use asking whether a person is a great ›leader‹. The real question should be whether a person is a great manager, or a great commander, or a great political representative, or a great wartime president, or a great peacetime prime minister, or is great in any other role that carries leadership accountability.«[102]

Wir argumentieren also, dass es nicht in erster Linie der Charakter des Führers ist, der Führung definiert. Dieser spielt sicherlich eine gewichtige Rolle. Führung definiert sich aber insbesondere über die Rolle, in der Führung ausgeübt wird, sowie über die Beziehung zu denen, die es zu führen gilt.

Ein Beispiel soll dies illustrieren. Kaum jemand würde widersprechen, wenn man den britischen Kriegspremier Winston Churchill als eine der größten Führungspersönlichkeiten des 20. Jahrhunderts bezeichnen würde. Seine Präsenz, seine herausragenden rhetorischen Fähigkeiten und sein scharfer Intellekt prägten seine Führungsrolle während des Zweiten Weltkrieges. Keine Frage also, Winston Churchill war der geborene Leader für ein Land, dessen Bestand existenziell bedroht war.

Allerdings: Es mag im kollektiven Gedächtnis keine Rolle spielen, aber derselbe Winston Churchill war sowohl vor dem Krieg als auch danach nicht sonderlich vom Erfolg verwöhnt. Konnte er als Kriegspremier noch überzeugen, versagte das britische Volk dem Friedenspremier Churchill die Gefolgschaft. Was war passiert? Änderte Churchill vor, während und nach dem Krieg seine Persönlichkeit oder seinen Charakter? Wohl kaum. Es war vielmehr die Rolle des Kriegspremiers, die in Churchill all die brillanten Fähigkeiten zur Geltung brachte und es ihm erlaubte, in tiefster Überzeugung und in Ausübung seines Amtes voranzugehen. In seiner Rolle als Staatsoberhaupt während des Krieges war er also höchst effektiv, in seiner Rolle als Friedenspremier jedoch nicht. Die Rollen waren einfach zu unterschiedlich.

Zahlreichen weiteren Führungspersönlichkeiten erging es ähnlich. So bescherte Ludwig Erhard den Deutschen in seiner Rolle als Wirtschaftsminister nicht nur die soziale Marktwirtschaft. Auch das noch heute bestaunte Wirtschaftswunder wird seiner Feder zugeschrieben. Nur wenige erinnern sich jedoch noch an seine Zeit als Bundeskanzler. Wurde Erhard als Wirtschaftsminister gefeiert, galt er in seiner Zeit als Bundeskanzler als schwach und schwierig. Erhard war immer noch derselbe, lediglich die Rolle hatte sich geändert. In einem Interview mit dem Spiegel erklärte Erhard denn auch, dass von ihm als Bundeskanzler ein verändertes Verhältnis zur Macht erwartet wurde. Erhard konnte oder wollte diese Rolle als »Macht-Haber«[103] nicht übernehmen. Die Folgen sind bekannt.

Übertragen auf die Wirtschaft bedeutet dies, dass die Führungs*rolle* nicht unabhängig von der Führungs*aufgabe* betrachtet werden kann.

Was bedeutet dies nun für den CEO?

Abstimmung mit dem Aufsichtsrat/der Unternehmensstrategie

Die Beispiele Winston Churchill und Ludwig Erhard zeigen: Das Rollenprofil muss zur Aufgabe passen und die Aufgabe zum Rollenträger, nur so kommt ein *perfect match* zustande.

Wie wichtig ein solcher *perfect match* ist, konnten die Experten der Unternehmensberatung Oliver Wyman in ihrer im Jahr 2010 veröffentlichten Studie *Erfolgsfaktor CEO* nachweisen. In deren Rahmen wurden in einem Zeitraum von 15 Jahren die persönlichen CEO-Eigenschaften von 120 Vorstandsvorsitzenden sowie deren Auswirkungen auf den Unternehmenserfolg analysiert. Die Ergebnisse sind eindeutig und zeigen, »dass es keinen CEO-Typ gibt, der sämtlichen Strategieausrichtungen von Unternehmen gerecht wird. Die Strategieanforderungen sind insgesamt so vielfältig, dass kein CEO alle Fähigkeiten gleichzeitig besitzen kann.«[104] Interessanter ist jedoch die folgende Feststellung der Autoren: »Passt der CEO zur individuellen Strategieausrichtung des

Unternehmens, hat er einen erheblichen Einfluss auf den Unternehmenserfolg. Die Untersuchung ergibt, dass CEOs mit vollständigem Strategie-Fit im Vergleich zu CEOs ohne Fit durchschnittlich eine um 6 Prozentpunkte höhere Gesamtkapitalrendite und eine um 19 Prozentpunkte höhere Aktienrendite in den ersten vier Amtsjahren erzielen.«[105] Die Studie belegt somit, was wir bereits ahnten: Den *einen* CEO, den »Retter für alle Fälle« gibt es nicht. Dementsprechend lautet auch die Handlungsempfehlung der Studie: »Die Erfahrung und Eigenschaften eines Topmanagers müssen mit der Unternehmensstrategie übereinstimmen, denn ein passender Topmanager zahlt sich aus – sowohl hinsichtlich der bilanzbasierten Gesamtkapitalrendite als auch hinsichtlich der kapitalmarktbasierten Aktienrendite. Hierfür ist eine frühzeitige strategische Bewertung von Topmanagement und Strategieausrichtung notwendig, die Aufschluss über die erfolgsrelevante Übereinstimmung gibt.«[106]

Doch wer, wenn nicht der CEO, definiert die Strategie? Nur sehr selten gelangt ein Vorstandsvorsitzender an die Spitze eines Unternehmens und findet ein *level playing field*, also ein Umfeld vor, das ihm vollkommene Handlungsfreiheit ermöglicht. Zum einen übernimmt ein CEO in aller Regel die Geschäfte von einem Vorgänger. Wenn es die Situation nicht erfordert (zum Beispiel Krise, Restrukturierung), dann sollte der Neue darauf achten, nicht allzu sehr mit der strategischen Ausrichtung seines Vorgängers zu brechen, sondern diese mehr oder weniger dynamisch weiterzuentwickeln und mit seinen eigenen Akzenten zu versehen. Einerseits ist ein solches Vorgehen sinnvoll, da es mögliche Ängste und Sorgen der Mitarbeiter oder anderer Stakeholder vor einem zu radikalen Wandel reduziert. Andererseits verringert sich dadurch jedoch auch die strategische Handlungsfreiheit des designierten CEOs, da er zumindest zu Beginn seiner Amtszeit strategische Leitplanken vorfindet, innerhalb derer er handeln kann. Dass auch hier die Realität häufig anders aussieht und ein solcher Reflexionsprozess meist erst nach einigen Monaten einsetzt, haben wir bereits anhand der Untersuchungsergebnisse von Hambrick und Fukutomi darlegen können.

Doch nicht nur die jedem Unternehmen sehr eigene Kultur und deren informellen Gesetzmäßigkeiten schränken die Gestaltungs- und Handlungsfähigkeit eines CEOs von vornherein ein. Auch der Aufsichtsrat wird in erheblichem Maße von seinen verbrieften Rechten Gebrauch machen. Dieser beruft den CEO, kann ihn aber auch wieder abberufen, wenn er mit dessen Leistung nicht zufrieden ist. Dass der Aufsichtsrat in aller Regel bereits vor Berufung des neuen Vorstandsvorsitzenden eine Vorstellung darüber haben dürfte, für welche strategischen Aufgaben man diesen mandatiert, zeigt sich unter anderem bei der Kandidatenauswahl. So wird ein Unternehmen, das die Notwendigkeit einer unmittelbaren Restrukturierung erkennt, eher einen CEO wählen, dem man den Umbau und die Neuausrichtung eines Konzerns zutraut. *The mandate is the message*, heißt dies im Amerikanischen. Das Entscheidende: In aller Regel wird in einem solchen Prozess – bis auf eine grobe Zieldefinition – auf die explizite Ausformulierung der CEO-Agenda verzichtet. Annahmen über die Art und Weise der Amtsführung sowie die konkrete Ausgestaltung der Aufgabe sind, wenn überhaupt, meist impliziter Natur.

Ein Beispiel: Als sich der Aufsichtsrat des US-amerikanischen Mischkonzerns General Electric 1981 auf die Suche nach einem Nachfolger des amitierenden CEOs Reginald Jones machte, war der Konzern zwar äußerst profitabel. Die Wachstumsraten blieben jedoch hinter den Erwartungen zurück. Unter den zahlreichen Kandidaten für den Unternehmensvorsitz befand sich auch Jack Welch, ein junger, dynamischer Manager, der nicht nur durch seine Ungeduld auffiel, sondern auch mit einer makellosen Erfolgsbilanz aufwarten konnte. Welchs unorthodoxe Art sowie sein Faible für Technologie und Innovationen schienen genau die richtige Frischzellenkur zu sein, die sich der Aufsichtsrat auch für das Unternehmen erhoffte. Nach seiner Ernennung sollte Welch die in ihn gesetzten Erwartungen weitgehend erfüllen, auch wenn diese niemals explizit niedergeschrieben wurden.

Ein solcher *perfect match* ereignet sich jedoch nicht immer. Häufig scheitern CEOs, da sie die implizierten Erwartungen des Aufsichtsrats oder den Einfluss der Unternehmenskultur nicht erkennen beziehungsweise unterschätzen.

Die Wirtschaftsgeschichte ist voll von Persönlichkeiten, deren Ambitionen und Absichten zweifelsohne die Besten waren, deren Vorhaben jedoch an einer offenkundigen Diskrepanz zwischen den implizierten Erwartungen der Gesellschafter oder Aufsichtsräte und dem eigenen Selbstverständnis scheiterten.

Nur selten tritt dies so deutlich zutage wie bei dem ehemaligen Opel-CEO Karl-Friedrich Stracke. Das Unternehmen, das Stracke Anfang 2011 übernahm, hatte massiv an Glanz eingebüßt. Wenig erinnerte nach Jahren der verfehlten Produktpolitik an jene Zeiten, in denen Opel gemeinsam mit dem Rivalen Volkswagen um die deutsche Marktführerschaft rang. Seit Mitte der 1990er Jahre folgte ein Restrukturierungs- und Sanierungsprogramm auf das nächste. Waren diese einseitig auf Kosteneffizienz bedachten Programme jedoch kaum geeignet, um den anhaltenden Negativrekorden bei Absatz und Umsatz Einhalt zu gebieten, gaben sich mit jeder neuen Maßnahme auch die CEOs die Klinke in die Hand. Insgesamt 15 Vorstandsvorsitzende zählte das Unternehmen seit Beginn der 1970er Jahre. Durchschnittlich alle drei Jahre erfolgte ein Wechsel – Kontinuität: Mangelware. Dabei ist die Autoindustrie ein langfristiges Geschäft. Entwicklungszyklen dauern meist sieben Jahre, erst dann fließen die investierten Milliarden zurück. Es waren demnach weitgehend hausgemachte Probleme, die dem Autobauer neben den ohnehin schon harten Wettbewerbs- und Marktbedingungen das Leben schwer machten.

Vor diesem Hintergrund erschien Strackes Ernennung zunächst unüblich. Nicht nur war er ein Deutscher – nur vier seiner Vorgänger waren deutscher Herkunft. Vielmehr war er von Haus aus Ingenieur, was vielfach als Zeichen dafür gedeutet wurde, dass nun nach Jahren der Kosten- und Effizienzprogramme unter Leitung von Finanz- und Restrukturierungsprofis das eigentliche Kerngeschäft des Autobauens wieder in den Vordergrund rückte.

Auch Stracke selber gefiel sich in der Rolle des ambitionierten Ingenieurs. Bewusst inszenierte er die Vorstellung des Elektroautos Opel Amperas als Aufbruch in die Zukunft: »Wir haben in den nächsten Jahren die einmalige Chance, mit unseren E-Autos Marktführer zu werden«, verkündete er stolz.[107] Opel sollte nicht, wie noch unter seinem raubeinigen Vorgänger Nick O'Reily, für Krise oder Sanierung stehen. Der Blick nach vorne und ein klarer Fokus auf jene Ingenieurskunst, die Opel einst zum Premiumanbieter machte, sollten den zögerlichen Optimismus nähren.

Kaum anderthalb Jahre später war auch Stracke Geschichte. Denn früh war deutlich geworden, dass die amerikanische Mutter GM Strackes Optimismus angesichts der anhaltenden Verluste und sich eintrübender Konjunkturaussichten nicht zu teilen wusste. Dem Aufsichtsrat war wenig gelegen am Ingenieur Stracke. Gefordert war der Sanierer Stracke, der die kaum zu erfüllenden Sparauflagen Detroits mit eiserner Disziplin und taktischem Geschick durchzusetzen hatte. »Der gebürtige Hesse dachte zunächst, er könne sich hauptsächlich um neue Modelle und technische Details kümmern. Es war ein riesiger Irrtum. Auf Anweisung aus Detroit muss nun auch Stracke in eine Rolle schlüpfen, in der er keine Erfahrung hat: die des harten Sanierers«, kommentierte dies das Handelsblatt.[108] In dieser Rolle schien Stracke überfordert, aufgerieben zwischen den unterschiedlichsten Interessen der Anteilseigner.

Der Fall Stracke mag in seiner Deutlichkeit sicherlich nicht der Regelfall sein. Er ist aber auch kein Einzelfall. So zählt die Nachfolgeregelung an der Unternehmensspitze heutzutage zu den integralen Aufgaben des Aufsichtsrats. Neben der fachlichen Bewertung der Kandidaten legen die verantwortlichen Aufsichtsräte ihrer finalen Entscheidung in nahezu allen Fällen ebenfalls einen ›Chemie-Check‹ zugrunde. Auch verständigt man sich der gegenseitigen Ziele und Visionen. Bezüglich der konkreten Ausgestaltung der Aufgabe, der Zielerreichung sowie der Maßnahmen besteht jedoch in aller Regel ein eher implizites statt explizit formuliertes Übereinkommen. Der Raum für mögliche Missverständnisse oder gar Unverständnis ist demnach groß. Nicht immer führt dies zum Bruch. Doch die Gefahr interner Widerstände nimmt zu.

Ein weiteres Beispiel soll dies illustrieren. Als der Werbeprofi Feodor von Wedel im Juli 2010 zum neuen Chef des Modelabels Chiemsee ernannt wurde, sollte dessen Markenexpertise der bereits seit Längerem kränkelnden Marke neues Leben einhauchen. Das erklärte Ziel des neuen CEOs sowie der Miteigentümer war die Schärfung und Profilierung der Marke sowie die Erschließung neuer Märkte.[109] Entsprechend selbstbewusst wurde 2011 der Auftakt auf der wichtigen Branchenmesse Ispo inszeniert. Nur ein Jahr später – auf der Ispo 2012 – war von Wedel schon nicht mehr dabei. Der Grund: Neben dem Ziel schien es keine Gemeinsamkeiten bei der konkreten strategischen Ausgestaltung der Maßnahmen zu geben. Die Begründung des Unternehmens fiel dementsprechend nüchtern aus: »Herr von Wedel hat eine Ausrichtung und Führung des Unternehmens im Sinn, die nicht im Einklang mit den Mitgliedern des Vorstands und Aufsichtsrats stand«, ließen die Miteigentümer per Presseerklärung mitteilen.[110]

Angesichts der formalen Einfluss- und Kontrollmöglichkeiten des Aufsichtsrats ist es demnach äußerst empfehlenswert, das eigene Rollenprofil bereits frühzeitig mit den Anforderungen und strategischen Erwartungen des Aufsichtsrats abzugleichen.

Dies ist nicht nur sinnvoll, um jenen strategischen Fit, den die Experten von Oliver Wyman als gewichtigen Erfolgsfaktor identifizieren konnten, zu erreichen. Vielmehr gilt es, sich jener weitgehenden internen Unterstützung zu vergewissern, die für die schnelle und effektive Umsetzung von Unternehmensstrategien unbedingt erforderlich ist. Wie wichtig Letzteres ist, illustriert eine weitere Untersuchung der Unternehmensberatung Oliver Wyman. Für ihre Studie *Veränderungsfähigkeit von Organisationen* untersuchte die Beratung die Veränderungsprozesse von 60 ausgewählten DAX-, MDAX-, und TecDAX-Unternehmen und befragte deren Vorstände. Dabei kamen die Autoren zu dem Ergebnis, dass sich die Zyklen für den organisatorischen Wandel zunehmend verkürzen würden. Die daraus resultierende Notwendigkeit für eine ständige Anpassungsfähigkeit werde massiv durch die Glaubwürdigkeit des CEOs und dessen Fähigkeit, die gesamte oberste Führungsriege, inklusive Aufsichtsrat, geschlossen hinter sich zu versammeln, geprägt: »[Der CEO] hat klare, nachvollziehbare Ziele festzulegen und die ganze Führungsriege davon zu überzeugen. Für eine erfolgreiche Transformation ist es unverzichtbar, dass die gesamte oberste Führungsebene zu den definierten Zielen steht und an einem Strang zieht.«[111]

In Zukunft wird ein solcher Abgleich noch deutlich an Gewicht gewinnen, denn auch die Bedeutung sowie das Selbstverständnis des Aufsichtsrats gegenüber dem Vorstand haben in den letzten Jahren eine Veränderung erfahren, die noch lange nicht abgeschlossen ist. Vorbei sind jene Zeiten, in denen sich Vorstandsvorsitzende eher passiven, reaktiven Aufsichtsgremien gegenübersahen. So fasste der ehemalige Vorstandsvorsitzende der AEG, Walter Cipa, zu Beginn der 1980er Jahre das Verhältnis zu seinem Aufsichtsrat noch mit dem Satz zusammen: »Aufsicht habe ich nicht gespürt, Rat habe ich keinen erhalten«.[112]

In den vergangenen Jahren wurde den Aufsichtsräten eine Fülle von neuen, zusätzlichen Aufgaben zugewiesen, wodurch nicht zuletzt auch deren Verantwortung und Haftungsrisiken deutlich erweitert wurden. Statt einer eher distanzierten Kontrolle des Vorstands erstreckt sich deren Verantwortung nunmehr auch auf die Zustimmung zur Unternehmensplanung, das heißt zu Strategie, Programmen und Budgets, oder auch die laufende Überwachung der Geschäftsentwicklung, der Rechnungslegung, des Risikoprofils sowie der Kontrollsysteme.

In dem Maße, in dem sich diese Entwicklung fortsetzen wird, wird auch ein solcher Abgleich oder Prozess des »sich-aufeinander-Einstellens« von Aufsichtsrat und Vorstand an Bedeutung gewinnen.

Erfolgt dies nicht, droht nicht selten die Gefahr schwelender Konflikte oder einer weitgehend verrechtlichten Arbeitsbeziehung zwischen Aufsichtsrat und Vorstand. In der Folge verlangsamen sich notwendige Abstimmungsprozesse, strategische Entscheidungen werden zu Geduldsund Kraftproben, Vertrauen verflüchtigt sich.

Um dies zu vermeiden, sollte ein solcher Abstimmungsprozess anders als früher kontinuierlich und vor allen Dingen frühzeitig erfolgen. So sollte insbesondere der von Hambrick und Fukutomi beschriebene »Öffnungsprozess« bereits in der Vorbereitung – der Countdownphase vor dem Amtsantritt – initiiert werden. Schon hier gilt es, die eigene Weltsicht sowie die eigenen Überzeugungen auf den Prüfstand zu stellen und mit den Erwartungen und Motiven der relevantesten internen Stakeholder abzugleichen.

Wie kann dies nun also konkret aussehen?

Kaum ein CEO wird sein neues Amt antreten, ohne sich zuvor genau Gedanken über ein paar wesentliche Fragen gemacht zu haben. Diese sind zum Beispiel:

1. Wo steht das Unternehmen?
2. In welchem Umfeld bewegt sich das Unternehmen, und wie verhält sich die Konkurrenz?
3. Was ist die Mission des Unternehmens? Was ist das derzeitige Ziel? Und mit welcher Strategie soll dieses Ziel erreicht werden?
4. Was sind die Hauptkomponenten des Fortschritts? Welche Optionen haben wir?
5. Wie sollte das Unternehmen geführt werden, um das Ziel zu erreichen?
6. Was wird von mir erwartet? Welche Rolle muss ich übernehmen?

In aller Regel wird der CEO bei der Beantwortung dieser Fragen auf seine Erfahrung und sein Weltbild zurückgreifen, um sein eigenes Profil zu definieren und auf dieser Basis über mögliche Maßnahmen zu entscheiden.

Um einen Abgleich zu erzielen, sollte anschließend jedoch der Versuch unternommen werden, eine Bewertung des eigenen Profils sowie der eigenen Strategie aus der Perspektive des Aufsichtsrats vorzunehmen. Wie würden Vertreter des Aufsichtsrats oder anderer relevanter interner Anspruchsgruppen die oben genannten Fragen beantworten? Inwiefern lässt dies Rückschlüsse auf die existierenden strategischen Leitplanken sowie deren Definition der CEO-Rolle zu? Ein solches Vorgehen erlaubt es, Abweichungen frühzeitig zu identifizieren und mögliche Probleme, Konfliktherde et cetera zu antizipieren.

Auch hier kann der CEO-Navigator nützlich sein. Um dies zu illustrieren, kehren wir für einen Augenblick zu unserem Ausgangsbeispiel zurück und nehmen an, dass das Unternehmen unseres Beispiel-CEOs zum Zeitpunkt der Staffelübergabe bereits seit längerer Zeit schwächelt. Den Wettbewerbern scheint es besser gelungen zu sein, ihre Unternehmen den Erfordernissen eines sich zunehmend wandelnden Marktes anzupassen. Stand man einst für hervorragende Innovationen, machen sich die über die Jahre zurückgefahrenen Investitionen in Forschung und Entwicklung nun in einem veralteten Produktportfolio bemerkbar. Noch sind die Ergebnisse solide, doch der Aufsichtsrat erwartet Änderungen. Der Trend muss gebrochen, neue Absatzmärkte erschlossen und die Organisation flexibilisiert werden.

Anhand des CEO-Navigators kann es nun gelingen, ein Anforderungsprofil zu erstellen, in dem jeder Rolle des CEOs bestimmte korrespondierende Anforderungen zugeordnet werden. Übertragen auf die Anforderungsmatrix des CEO-Navigators könnte das Erwartungsprofil demnach ungefähr wie in Abbildung 5 aussehen.

Legt man die Erwartungen/Anforderungen des Aufsichtsrats/der Miteigentümer sowie das Rollenprofil des designierten CEOs übereinander, dann fällt auf, dass unser CEO manche Rollen bereits sehr gut auszufüllen vermag, bei anderen jedoch eine Erwartungslücke klafft. Um sich der Rückendeckung des Aufsichtsrates zu versichern und die eigene Handlungsfähigkeit zu stärken, gilt es, diese Lücke zu schließen. Wie kann dies nun gelingen?

Eine solche Darstellung ist meistens bereits die halbe Miete, denn sie schärft das Bewusstsein für das eigene Profil vis-à-vis den Erwartungen der relevanten internen Stakeholder. Erkennt man, dass die Rolle des Corporate Citizen ebenso wie die des Managers integrative Bestandteile der übergeordneten CEO-Rolle sind, dann wird man erkennen, dass es nicht gelingen kann, diese einfach zu ignorieren. Dass dies trotzdem häufig noch geschieht und somit Erwartungen und Bedürfnisse einer Vielzahl von Stakeholdern übergangen werden, ist in aller Regel nicht auf den bösen Willen oder Ignoranz der Topmanager, sondern vielmehr auf deren mangelndes Bewusstsein für die eigene Rollenvielfalt zurückzuführen. Der CEO-Navigator macht solche Erwartungslücken sichtbar. Anschließend gilt es, diese zu moderieren oder überzogene Erwartungen aktiv und frühzeitig aufzugreifen und im eigenen Sinne zu verändern. Ein solches Vorgehen verringert nicht nur die Gefahr, dass CEO und Aufsichtsrat in der Öffentlichkeit mit verschiedenen Stimmen sprechen. Vielmehr können durch ein solches Vorgehen bereits frühzeitig interne

Abbildung 5: Abgleich des eigenen Rollenprofils mit den bestehenden Erwartungen an die strategische Ausrichtung

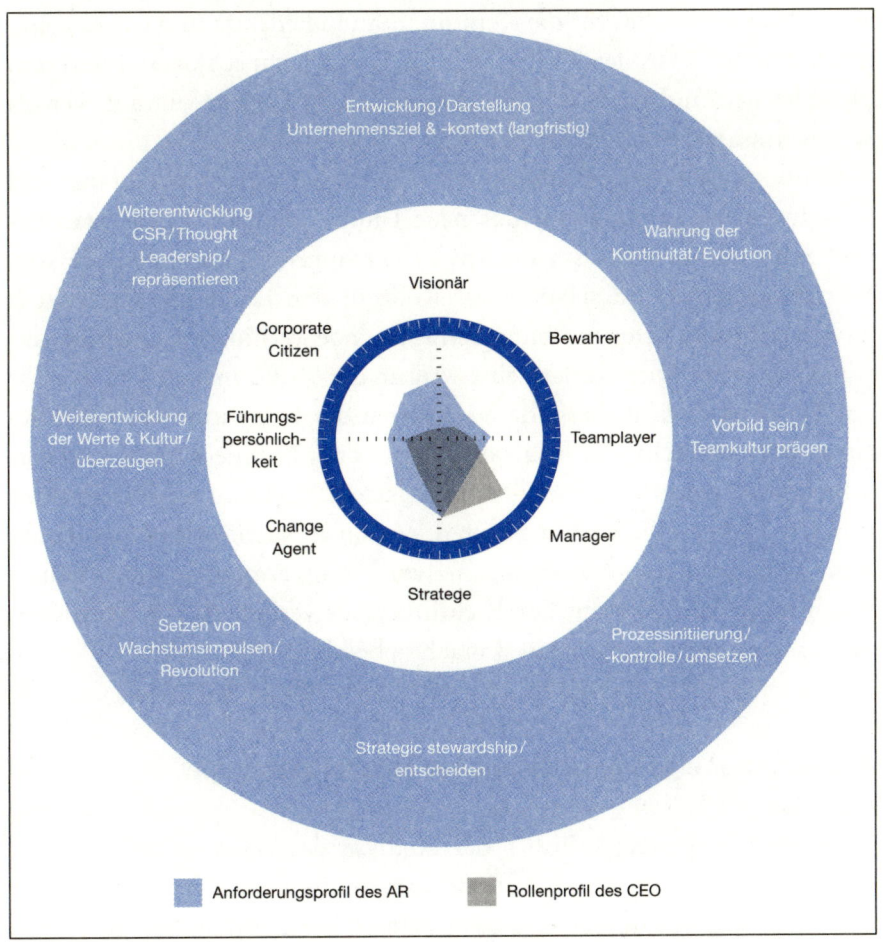

Widerstände abgebaut und Klarheit über den strategischen Kurs hergestellt werden. Dies stärkt sowohl in der internen als auch externen Wahrnehmung die Stellung des CEOs.

Nun liegen die meist implizierten Vorstellungen über die Strategie von Aufsichtsrat und Vorstand in der Praxis nur selten weit auseinander. Wie wir jedoch gesehen haben, bestätigt auch hier die Ausnahme immer wieder die Regel.[113] Und ist der mediale Reiz solcher Ausnahmen unbestritten, werden vermeintlich einfache Missverständnisse zwischen Vorstand und Aufsichtsrat als Intrigen, Ränkespielchen und Geschichten über verletzte Eitelkeiten inszeniert, gilt auch hier: Vorsorge ist besser als Nachsorge. Was genau dies für die Kommunikation bedeutet und wie es gelingen kann, auf Basis des Rollenabgleichs Brücken zu schlagen, Interessen abzugleichen und Unterstützung generieren zu können, darauf werden wir in Kapitel 4 noch näher eingehen.

Grundsätzlich jedoch macht der CEO-Navigator den Anfang und schärft das Bewusstsein für das neue Umfeld und das eigene Stärken- und Schwächenprofil vis-à-vis den Erwartungen an die eigene Person. Wer diese kennt und seine eigene Rolle in den Unternehmenskontext zu setzen weiß, kann unnötige Schwelbrände verhindern und für Vertrauen werben. Dies fördert eine Kultur der Zusammenarbeit, die für das Unternehmen, insbesondere in Zeiten der Krise und Restrukturierung, vielversprechender ist als der Verweis auf Normen und Rechtsvorschriften. Wie zeitlos diese Idee ist, zeigt ein Blick auf jene Richtlinien und Grundsätze, die Robert Bosch d. Ä. seinen Nachfolgern überließ. In diesen sogenannten »Anweisungen« heißt es am Anfang eines Abschnittes über die »Anpassung der Richtlinien an veränderte Verhältnisse«: »Der Buchstabe tötet, der Geist macht lebendig«.[114]

Abgleich der eigenen Rolle mit der eigenen Strategie

Galt unser Augenmerk bisher der Analyse des eigenen Rollenprofils, der Rollenerwartungen des Aufsichtsrats an die eigene Person sowie der Untersuchung bereits bestehender strategischer Leitplanken, ist es nun möglich, auf dieser Basis die sich bietenden Spielräume zu nutzen und eigene Akzente zu setzen. Ziel sollte es sein, das eigene Rollenprofil bestmöglich mit den eigenen strategischen Zielsetzungen und Vorstellungen für das Unternehmen abzugleichen, um die öffentliche Wahrnehmung eines *perfect match* zu gewährleisten.

Bleiben wir hierfür bei unserem Beispiel. Sie erkennen, dass die Herausforderungen, denen sich das Unternehmen gegenübersieht, nach einem CEO verlangen, der das bestehende Geschäftsmodell nicht nur kritisch hinterfragt sondern das Unternehmen ein Stück weit auch neu erfindet.

Die Herausforderung ist keineswegs zu unterschätzen, schließlich läuft das Geschäft nach wie vor gut. Tatsächliche Probleme zeichnen sich derzeit, wenn überhaupt, nur am Horizont der eigenen Geschäftstätigkeit ab. Fehlt Ihnen unter diesen Umständen das dramatische Motiv, zum Beispiel in Form einer drohenden Insolvenz, liegt die größte Herausforderung zunächst darin, das Bewusstsein für den notwendigen Wandel zu schaffen. Es gilt also, in der Rolle des Visionärs andere, der eigenen Strategie zieldienlichen Wirklichkeiten zu entwickeln und zu vermitteln. Und es gilt, den beschriebenen Weg in der Rolle des Change Agents aktiv zu beschreiten.

Ihrem alten Profil treu zu bleiben kann also unter den gegebenen Umständen nur bedingt funktionieren. Haben Sie sich bisher, den Blick stets nach innen gerichtet, als operativer Macher einen Namen gemacht, erfordern die vor Ihnen liegenden strategischen Aufgaben ein neues Rollenverständnis. Dabei geht es nicht darum, etwas zu sein, was man nicht ist. Vielmehr geht es darum, neue Schwerpunkte zu setzen, diese in der Kommunikation immer wieder zu betonen und beizeiten auch mit persönlichen Elementen zu untermauern.

Verkörpert in der öffentlichen Darstellung und Wahrnehmung kaum jemand die Unternehmensstrategie so sehr wie der CEO, gilt es, diesem Umstand Rechnung zu tragen. Denn wie wir bereits gesehen haben und in Kapitel 4 noch näher darlegen werden, hängt die Umsetzung der Strategie maßgeblich von der Fähigkeit des Vorstandsvorsitzenden ab, überzeugend kommunizieren zu können. Der bereits erwähnte *perfect match* trägt viel zum Gelingen einer solchen Kommunikation bei. Wird Letztere jedoch als unstimmig oder wenig authentisch wahrgenommen, zum Beispiel weil das Gesagte und Geforderte kaum im Einklang mit der Außendarstellung des CEOs steht, dann verlieren auch vermeintlich sinnvolle und richtige Botschaften ihre Überzeugungskraft.

Für unseren CEO bedeutet dies, dass er sein Rollenverständnis anpassen sollte. Glänzte er bisher in der Rolle des operativen Managers, wird diese zukünftig ein wenig an Gewicht verlieren, während andere Rollen an Gewicht gewinnen. Übertragen auf den CEO-Navigator würde dies bedeuten, dass das alte Profil unter Berücksichtigung der Erfordernisse der Strategie und den Erwartungen des Aufsichtsrats entsprechend verändert werden sollte.

Abbildung 6: Das eigene Rollenprofil sollte den strategischen Zielen entsprechend angepasst werden

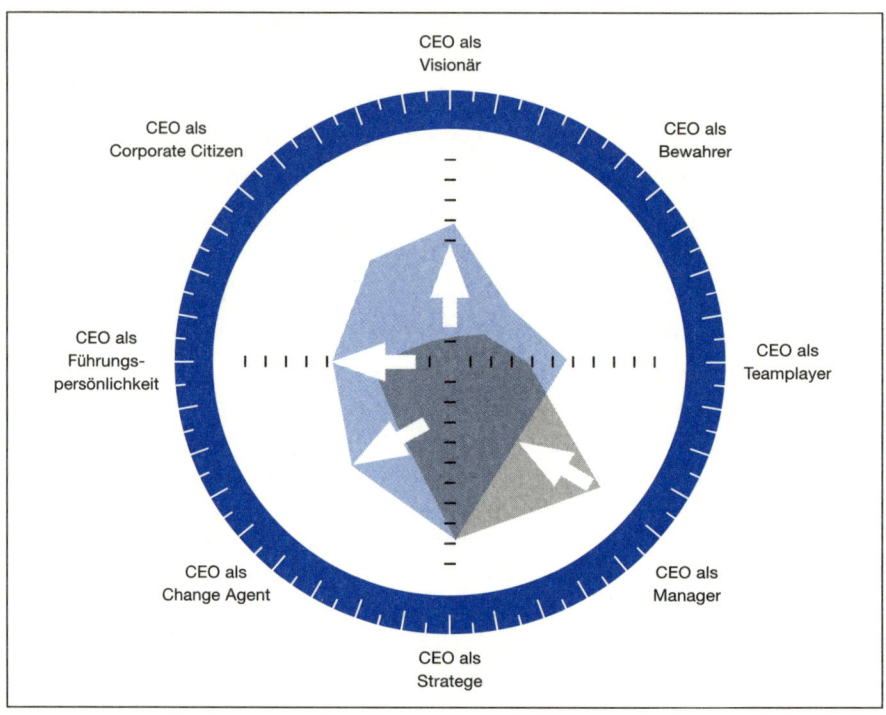

Durch eine solche Anpassung ist es nun möglich, Führungs*rolle* und Führungs*aufgabe* bestmöglich aufeinander abzustimmen. Anschließend kann es gelingen, die Kommunikation analog zu den neuen Schwerpunkten des Rollenprofils anzupassen. In Kapitel 4 werden wir hierauf noch näher eingehen.

Abgleich der eigenen Rolle mit anderen Stakeholdern

Die Möglichkeiten des CEO-Navigators erschöpfen sich jedoch keineswegs nur in der Definition der eigenen Rolle und deren Abgleich mit den Anforderungen des Aufsichtsrats. Vielmehr lässt sich das gleiche Prinzip auf alle relevanten Anspruchsgruppen übertragen. Warum dies so wichtig ist, soll ein weiterer Verweis auf das Thema Führung zeigen.

Wie wir zuvor gesehen haben, definiert sich die Rolle, in der wir Führung ausüben, in hohem Maße über die Beziehung zu all jenen, die der Führungspersönlichkeit ihre Rolle auch zugestehen.

Insofern ist es notwendig, Führung nicht nur über Rollen oder deren Erwartungen zu definieren, sondern konsequenterweise auch über die Beziehungen zu jenen Stakeholdern, die diese Erwartungen formulieren. Will der CEO-Navigator seine praktische Relevanz unter Beweis stellen, so wird er ja gerade daran gemessen werden, ob und inwiefern es gelingt, diese Beziehungen bestmöglich zu gestalten.

Ein Blick auf die Arbeitswirklichkeit von Vorstandsvorsitzenden zeigt dabei, wie eng Führung, Kommunikation und Beziehungen zusammenhängen und sich gegenseitig bedingen. So zeigen Untersuchungen, dass Vorgesetzte 80 bis 95 Prozent ihrer Arbeitszeit mit und in kommunikativen Prozessen verbringen.[115] Lutz von Rosenstiel, Professor für Organisations- und Wirtschaftspsychologie, definiert Führung konsequenterweise als »zielbezogene Einflussnahme«, die sich über kommunikative Prozesse definiere und nichts anderes als die meist unbewusste Arbeit an und in Beziehungen sei. Wie wir in Kapitel 4 noch näher darlegen werden, ist Führung immer auch Beziehungsarbeit, die zum Gelingen in hohem Maße der Kommunikation bedarf.

Warum ist diese Beziehungsarbeit nicht nur möglich und hilfreich, sondern notwendig, um die eigenen Ziele bestmöglich zu erreichen? Welche Mittel und Instrumente stehen zur Verfügung, um diese zu erreichen? Und wie bringe ich diejenigen, die ich führen möchte, dazu, mir zu folgen? Die Frage mag ungewöhnlich klingen, immerhin reicht in Unternehmen meistens der Verweis auf die Hierarchie. Der Vorgesetzte sagt, was zu tun ist, und die Mitarbeiter machen es, so einfach kann es sein. Was in der Theorie jedoch noch so schön einfach klingt, wird der Realität nicht gerecht. Abgesehen von sich wandelnden Arbeitnehmerverhältnissen: Wie kann es einem solchen Verständnis nach gelingen, auch solche Akteure für seine Sache zu gewinnen, die sich dem bloßen Verweis auf die Hierarchie entziehen?

Die verdiente Autorität

Die Managementexperten Elliott Jaques und Stephen D. Clement trennen bewusst zwischen einer verliehenen Autorität – »authority vested« – und einer verdienten Autorität – »authority earned«.[116] Erstere ergebe sich meist aus der Position, die man bekleidet. Letztere hingegen müsse man sich erarbeiten. Beides spiele eine Rolle, aber in unterschiedlicher Form. So sei bei Mitarbeitern, die in einem formell-strukturierten Dienstverhältnis mit ihrem Arbeitgeber stehen, zuvorderst die verliehene Autorität ausschlaggebend. Allerdings zeigen sich Jaques und Clement schon hier skeptisch, ob der bloße Verweis auf die Hierarchie noch ausreiche, um das volle Potenzial der Kooperation zu schöpfen: »The authority vested in a role is never sufficient to make it possible to gain the fullest co-operation from those to be influenced.«[117] In einer Welt, in der sich traditionelle Strukturen zusehends auflösen und gesellschaftliche Akteure an Bedeutung gewinnen, gewinne somit die verdiente Autorität mehr denn je an Bedeutung.

»Role-vested authority by itself, properly used, should be enough to produce minimal satisfactory result, by means of subordinates doing what they are role-bound to do. What it cannot do is to release the full and enthusiastic co-operation of others. In order to achieve full, enthusiastic, willing collaboration between role-related people, we have substantially to supplement our authority by winning the full personal support of those people; by gaining, in other words, what we shall term personally earned authority.«[118]

Gewinnt nun also die »verdiente« Autorität an Bedeutung, tritt ein Verständnis von Autorität, das lediglich auf Strukturen und Hierarchien verweist, in den Hintergrund. Wie aber verdient man sich eine Autorität, die nicht zuletzt auch ohne den Rückhalt der Organisation auskommt?

Eine erste Bedingung hierfür ist Kompetenz. In der Regel stellt diese Bedingung kein Hindernis dar, da jeder, der sich in die Ränge des Topmanagements vorgearbeitet hat, seine Kompetenz ausreichend bewiesen haben sollte. Dennoch ist der Verweis auf die fachliche Kompetenz nützlich. Denn anders als die Autorität, die sich aus der Position im Unternehmen ergibt, ist die verdiente Autorität immer auch ein enormer Ausdruck von Vertrauen. Vertrauen kann man jedoch nur erwerben, wenn der jeweiligen Führungskraft die Ausübung der Führungsrolle auch *zugetraut* wird. Wenige Soldaten werden ihrem Feldherrn willig in den Krieg folgen, wenn man diesem nebst allerlei rhetorischer Brillanz nicht zutraut, sein Handwerk besser als jeder andere zu verstehen: »Ist der Chef eine Pfeife, lässt man ihn hängen«, zitiert das Wirtschaftsmagazin *brand eins* einen Soldaten.[119] Ebenso wenig wird ein Arzt das Vertrauen seiner Patienten gewinnen können, wenn er zwar sehr nett und freundlich, darüber hinaus aber inkompetent ist. Kompetenz ist also eine wesentliche Voraussetzung für Vertrauen und somit auch für den Erwerb von Autorität.

Die zweite Bedingung für den Verdienst von Autorität ist die Fähigkeit, andere Menschen – seien sie der Führungskraft untergeben oder in eher formlosen Netzwerken verbunden – für seine Ziele zu gewinnen. Der US-amerikanische Wirtschaftswissenschaftler James O'Toole schrieb diesbezüglich schon Anfang der 1990er Jahre, dass es weitaus wichtiger wäre, recht zu bekommen als recht zu haben.[120] Ein interessanter Gedanke, setzt dieser doch – wenn man ihn zu Ende denkt – ein neues oder zumindest erweitertes Verständnis von Macht voraus.

Zum Vergleich: Dem Verweis auf die Hierarchie liegt der klassische Machtgedanke zugrunde: Der Vorgesetzte kann dem Mitarbeiter befehlen oder ihn zwingen, etwas zu tun. Autorität speist sich demnach aus der Position allein. Fehlt die Hierarchie, mangelt es auch an Autorität. Die verdiente Autorität verzichtet jedoch in weiten Teilen auf den Verweis auf Hierarchien oder Strukturen. Und sie trennt entsprechend auch nicht zwischen innen und außen. Die Beziehung und vor allem Vertrauen tritt an deren Stelle. In einem Beitrag für die Herbert-Quandt-Stiftung machen Kerstin Schneider und Sebastian Huhnholz deutlich, dass sich die verdiente Autorität einer der klassischen Definition vollkommen entgegengesetzten Vorstellung von Macht bedient und somit auch neues Denken voraussetzt: »Gemessen an Max Webers Machtbegriff wäre Vertrauen daher gerade nicht die Chance, den eigenen Willen *gegen* das Widerstreben anderer durchzusetzen, sondern das Vermögen, unerzwingbaren und nicht unbedingt wahrscheinlichen Zuspruch Anderer *für* etwas zu gewinnen.«[121]

Mit diesem erweiterten Verständnis von Führung wenden wir uns nun also wieder dem CEO-Navigator zu. Kann die Ausübung der Führungsaufgabe nur dann effektiv gewährleistet werden, wenn die Erwartungen und Belange der weiteren Stakeholder ausreichend gewürdigt und berücksichtigt werden, dann trägt der CEO-Navigator auch diesem Umstand Rechnung.

Die einzelnen Rollen, die zusammengenommen die integrative übergeordnete CEO-Rolle bilden, sind ja nichts anderes als Rollenerwartungen der Stakeholder des CEOs. Jeder Rolle liegen somit auch bestimmte Wert- und Zielvorstellungen zugrunde die auch einer oder mehreren Anspruchsgruppen zugeordnet werden können. Es liegt in der Natur der Sache, dass die Erwartungen zum Beispiel von Betriebsräten keineswegs nur in einer Rolle zusammengefasst werden können. Schließlich setzt sich auch die Rolle des Betriebsrats durch eine Vielzahl teils konträrer Rollenerwartungen zusammen. Dennoch ist es möglich, die jeweiligen Stakeholder einer oder auch mehreren Rollen zuzuordnen, die deren grundlegenden Erwartungen an das Selbstverständnis des CEOs am ehesten entsprechen.

Bleiben wir bei unserem Beispiel, um dies zu verdeutlichen. Angesichts der prekären Lage des Unternehmens erkennt unser CEO, dass es im Rahmen der erforderlichen strategischen Neuausrichtung ebenfalls zu einer Verlagerung und Schließung von Produktionsanlagen kommen kann. Als Manager und »Macher« scheut er nicht davor zurück, dieser Aufgabe gerecht zu werden. Durch den Abgleich seines Rollenprofils mit den Erwartungen des Aufsichtsrates erkennt er, dass von ihm erwartet wird, diesen Prozess in der Rolle des Change Agents aktiv anzugehen und zu steuern. Er erkennt aber auch, dass durch diese starke Gewichtung in Richtung des Change Agents eine größere Lücke auf der gegenüberliegenden Seite – der CEO in der Rolle des Bewahrers – entsteht. Was bedeutet dies nun?

Während es wichtig ist, seine eigene Rolle zu definieren und das Profil zu schärfen, verlieren dennoch jene Rollen, die durch dieses Profil weniger zur Geltung kommen, nicht an Bedeutung. Wo Lücken entstehen, gilt es Brücken zu schlagen und Verständigung zu generieren. Um jedoch

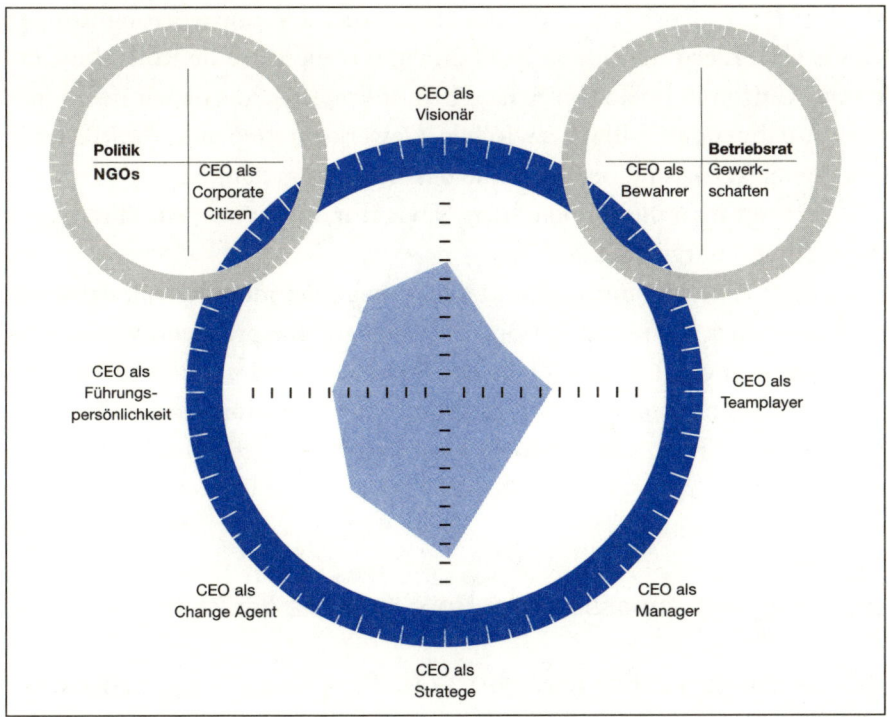

um Verständnis für die eigene Strategie werben zu können, muss der CEO zunächst selber Verständnis für die Belange all jener aufbringen, die in dem CEOs weniger den Veränderer – wie in dem konkreten Fall –, sondern eher den Bewahrer sehen wollen. Es gilt, sich in die Rolle des Bewahrers hineinzuversetzen und die eigene Geschichte aus der Perspektive des Bewahrers zu sehen. Gelingt dies, dann kann auch Verständnis für die Motivation all derjenigen erzeugt werden, die diese Rolle bevorzugen. Dies wirft zwangsläufig die Frage auf, wer denn ein grundsätzliches Interesse daran haben könnte, im CEO einen Bewahrer und weniger einen Veränderer zu sehen.

Da in diesem Fall auch die Möglichkeit einer Verlagerung beziehungsweise eines Abbaus von Arbeitsplätzen zur Disposition steht, werden sicherlich Gewerkschaften oder Betriebsräte ein gesteigertes Interesse daran haben, an den CEO in der Rolle des Bewahrers zu appellieren. Dementsprechend können wir diese nun an dieser Stelle ankoppeln.

Aber auch Politiker werden, je nach Größe des Unternehmens und Restrukturierungsvorhabens, die gesellschaftliche Verantwortung unseres CEOs einfordern. In diesem Fall können wir diese an die Rolle des Corporate Citizen koppeln (im Falle sehr konkreter Forderungen oder einer sich anbahnenden Allianz zwischen Gewerkschaften und Politik wäre auch einer Verortung bei der Rolle des Bewahrers denkbar).

Überträgt man dies nun auf den Navigator, ergibt sich ein Bild, das in Abbildung 7 dargestellt ist.

Ist die Lücke erkannt und sind die Stakeholder identifiziert, dann gilt es, dies in der Kommunikation der Strategie entsprechend zu berücksichtigen – sowohl in der Wahl der Sprache und der Priorisierung der Maßnahmen als auch bei der Erstellung der Kommunikationsmaterialien. Auf die Frage, wie genau dies gelingen kann, gehen wir in Kapitel 4 noch näher ein.

Wandlung und Anpassung der Rolle im Laufe der Zeit

Könnte man den Erfolg heutiger CEOs allein daran messen, dass sie es schaffen, länger als drei, vier oder gar fünf Jahre auf dem Chefposten zu verharren, dann wäre Jack Welch mit seiner 21-jährigen Amtszeit als CEO des US-amerikanischen Mischkonzerns General Electric (GE) sicherlich der personifizierte Maßstab für Erfolg. Wie konnte dies gelingen?

Welch selber gibt die Antwort: »Change before you have to«:

»There is a whole set of phrases that are designed to strike until disaster strikes, phrases like ›If it ain't broke, don't fix it‹ or ›Don't be a solution in search for a problem‹ or ›Don't break up a winning team‹. We all use these over and over – a dismissal of someone trying to change something that's going just fine. But in truth the wisdom may lie changing the institution while it is still winning – reinvigorating a business, in fact, while it's making more money than anyone ever dreamed it could make.«[122]

Welch wusste, dass der Erfolg von heute nicht den Erfolg von morgen garantieren könne, solange das Umfeld im ständigen Wandel begriffen sei:

»We had constructed over the years a management apparatus that was right for its times, the toast of the business schools. Divisions, strategic business units, groups, sectors, all were designed to make meticulous, calculated decisions and move them smoothly forward and upward. This system produced highly polished work. It was right for the '70s...a growing handicap in the early '80s...and would have been a ticket to the boneyard in the '90s. So we got rid of it...along with a lot of reports, and endless paper that flowed like lava from the upper levels of the company.«[123]

Das Ziel war klar: General Electric sollte zu einem Unternehmen werden, das den Wandel als Normalfall begriff und somit zum Gestalter und nicht zum Getriebenen des Wandels werden würde.[124] Welch war Realist und Pragmatiker. Er wusste, dass allein die Umstrukturierung eine Mammutaufgabe werden würde. Doch als die eigentliche schwere Aufgabe identifizierte Welch die Veränderung der weitgehend statischen Unternehmenskultur. Man könne dies mit dem Versuch vergleichen, einen kaputten Reifen bei voller Fahrt zu wechseln, hieß es einst. Um General Electric dennoch zukunftsfähig zu machen, dachte Welch langfristig. Er erkannte zwei Herausforderungen auf dem Weg zum Ziel. Die erste, kurz- bis mittelfristige Herausforderung bestand darin, das Unternehmen strukturell zukunftsfähig zu machen. Die zweite, langfristige Herausforderung bestand darin, die Unternehmenskultur zu flexibilisieren und wandlungsfähig zu machen.

»The decade of the 1980s imposed two distinct challenges. In the first phase, through 1986, we had to pay attention to the ›hardware‹ – fixing the businesses. In the second phase, from 1987 well into the 1990s, we've had to focus on the ›software‹. Our sustained competitiveness can only come from improved productivity, and that requires the bottom-up initiatives of our people.«[125]

Welch erkannte also, dass er zunächst einmal das Unternehmen strukturell auf gegenwärtige und zukünftige Herausforderungen vorbereiten musste, um anschließend fortlaufend die eigene Strategie und Strategieumsetzung zu flexibilisieren. Das Entscheidende: Welch wusste ebenfalls, dass er seinen Führungsstil den jeweiligen Herausforderungen anpassen musste. Welch nahm das Motto für sein Unternehmen – »Change before you have to« – durchaus auch persönlich. Und so ist es wie bei kaum einem anderen CEO möglich, den Wandel des eigenen Rollenverständnisses im Laufe der Zeit so eindeutig nachzuvollziehen wie bei Jack Welch.

Als Welch Anfang der 1980er Jahre den Vorstandsvorsitz übernahm, dauerte es nicht lange, bis ihm die Medien den Spitznamen »Neutron Jack« zulegten. Dabei war dies keineswegs nur eine Anspielung auf seine radikalen Restrukturierungsmaßnahmen – Welch entließ innerhalb kürzester Zeit 100 000 Mitarbeiter und schloss zahlreiche Produktionsanlagen. Vielmehr galt auch sein persönlicher Führungsstil als rabiat und unbeherrscht: »According to former employees, Welch conducts meetings so aggressively that people tremble. He attacks almost physically with his intellect – criticizing, demanding, ridiculing, humiliating«, schrieb das Forbes Magazin über dessen Führungsstil.[126] Welch schien nichts von luftigen oder verweichlichten Managementideen zu halten. Was zählte, war die Bottom-Line, und alles, was zwischen dieser und ihm lag, war aufgefordert, mitzuziehen oder abzuziehen. »Empowerment and transformation are Californian talk«, hieß es.

Wie anders klang vor diesem Hintergrund jener Jack Welch, der 1991 in seinem Geschäftsbericht für eben jenes Managementverständnis warb, das er noch wenige Jahre zuvor verurteilte: »We cannot afford management styles that suppress and intimidate«, schreibt Welch, und ergänzt »This is the individual who typically forces performance out of people rather than inspires it: the autocrat, the big shot, the tyrant.«[127] Der alte Jack Welch fand sein Ende mit Abschluss der ersten Phase seiner Restrukturierung. Der neue Jack Welch, der Empowerment und Werte predigte und an die Offenheit seiner Manager appellierte, erfand sich mit der zweiten Phase, in der es um den Wandel der Unternehmenskultur ging, ebenfalls neu. Entsprechend zitierte ihn die *New York Times*:

»In the first half of the 1980's we restructured the company and chan-ged its physical makeup,« he said. »That was the easy part. In the last several years, our challenge has been to change ourselves – an infinitely more difficult task that, frankly, not all of us in leadership positions are capable of.«[128]

Welchs Stärke lag in seiner Fähigkeit, den Wandel voranzutreiben, ohne dabei zu vergessen, dass auch er sich diesem kontinuierlich wandeln-den Umfeld anpassen müsse. Im Rückblick vergessen wir dies häufig. Manager wie Arthur Sloan oder Wissenschaftler wie Milton Friedman erscheinen uns heute wie Personen aus längst vergangenen Zeiten mit ebenso verrückten Ideen wie auch antiquierten Vorstellungen darüber, wie die Wirtschaft zu funktionieren habe. Ein solches Urteil wird ihnen jedoch nicht gerecht. Denn für die Herausforderungen ihrer Zeit hatten sie durchaus vielversprechende Ideen und Instrumente. Mit der Zeit je-doch wandelte sich das Umfeld. Was gestern noch Erfolg versprach, war tags drauf bereits der erste Schritt in Richtung Misserfolg.

Erfolgreiche Führungspersönlichkeiten zeichnen sich dadurch aus, dass sie nicht nur für ihre Unternehmen den Weg voraus aufzeichnen, zum Beispiel in Form einer Strategie oder Vision. Sie sind vielmehr bereit, jenen Weg auch mitzugehen und anzuerkennen, dass nicht mehr nur das Unternehmen am Ende des Weges ein anderes sein wird, sondern auch sie ihre Rolle dem veränderten Umfeld anpassen müssen. Nicht immer ist dies so deutlich wie bei Welchs Wandlung vom Saulus zum Paulus. Doch gerade in Zeiten wie diesen, in denen die Dynamik und Verände-rungsgeschwindigkeit rasant ansteigt, wird diese Fähigkeit, die eigene Rolle vor dem Hintergrund sich verändernden Rahmenbedingungen zu reflektieren, zu einem strategischen Erfolgsfaktor moderner Führung.

Auch hier ermöglicht es der CEO-Navigator, die eigene Rollende-finition vorauszudenken. Um dies beispielhaft zu illustrieren, kehren wir für einen Augenblick zurück zu unserem CEO. Nehmen wir also an, dass dieser seine Rolle als Change Agent angenommen hat und das Unternehmen strukturell neu aufstellen konnte. Nach einem Jahr teils schmerzhafter Restrukturierungen sind alle Maßnahmen weitgehend abgeschlossen, das Unternehmen verkehrt nun in weitaus ruhigerem

Abbildung 8: Der CEO-Navigator ermöglicht analog zur Strategieentwicklung eine kontinuierliche Reflexion und Anpassung des eigenen
Rollenprofils

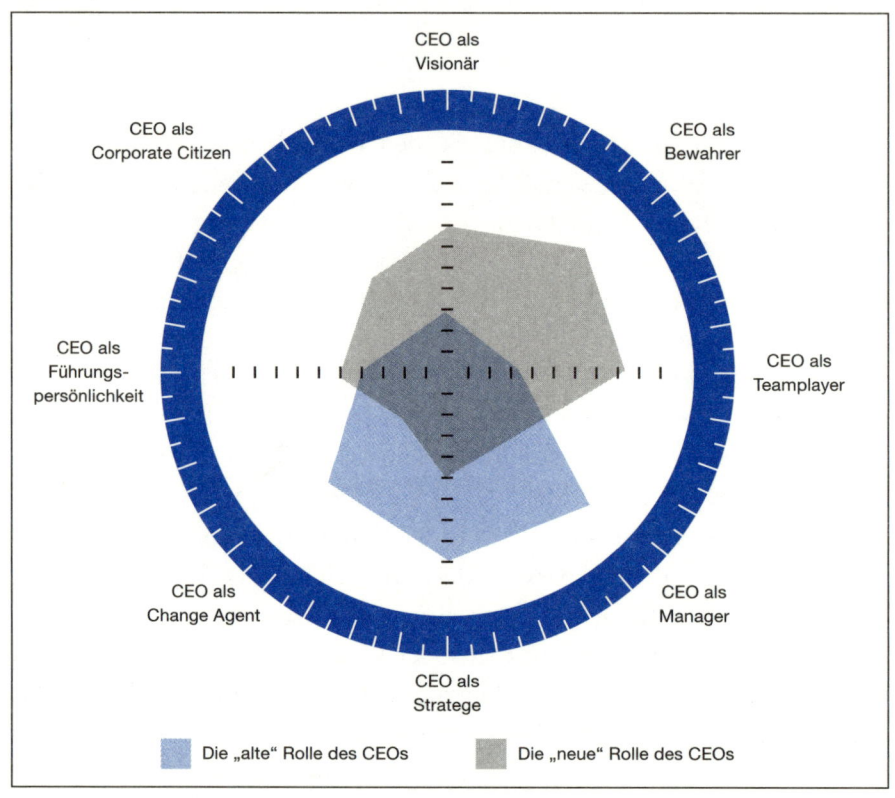

Fahrwasser. Unser CEO weiß, dass er die schnelle Restrukturierung
nicht ohne die Verständigung mit dem Betriebsrat hätte durchführen
können. Nun muss auch er seine Rolle den sich veränderten Rahmenbedingungen anpassen. Die Rolle des Change Agents wird weniger wichtig, die des Teamplayers und Bewahres hingegen nimmt an Gewicht zu.

Bei einer solchen Neudefinition der eigenen Rolle geht es keineswegs
darum, sich zu verstellen, oder um den Versuch, jemand anderes sein
zu müssen. Es geht lediglich um eine Neubewertung der eigenen Rolle
und der eigenen Ziele. Es geht darum, nun andere Facetten der eigenen
Persönlichkeit in den Vordergrund zu stellen und glaubhaft den Weg des
Unternehmens als Vorbild zu begleiten.

Warum eine solch regelmäßige Neubewertung der eigenen Rolle notwendig ist, zeigt auch das Beispiel Bob Dudley. Der gegenwärtige CEO des Ölriesen BP verdankte seine Beförderung jener Ölkatastrophe im Golf von Mexiko, die als Deepwater-Horizon-Katastrophe in die Geschichtsbücher einging. Das ungeschickte Katastrophenmanagement seines Vorgängers Tony Hayward spülte den eher bodenständigen und für seine ruhige Art bekannten Bob Dudley an die Spitze des Konzerns. Damit war Dudley genau der richtige Mann, um BP aus der existenzbedrohenden Krise zu führen und die strapazierten Nerven aller Beteiligten wie auch Betroffenen zu beruhigen. »Dudley fand den richtigen Ton. Er sprach mit den Opfern der Ölpest, stapfte in Gummistiefeln an den verschmutzten Stränden herum und verteilte vor allem viel Geld an die Fischer und Restaurantbesitzer. Er sprach mit Politikern vor Ort, verhandelte in Washington. Und es gelang ihm tatsächlich, das Blatt zu wenden. Er bekam die immensen Kosten der Ölpest für BP schneller als erwartet in den Griff. [...] Vor allem aber: Dass BP seine lukrativen Ölfelder im Golf von Mexiko räumen muss, steht nicht mehr zur Debatte«, schrieb die *Süddeutsche Zeitung*.[129]

Keine Frage also, in der Krise war die ruhige und integrative Art Dudleys Gold wert. Als jedoch die Krise zur Nebenbaustelle wurde und größere strategische Entscheidungen anstanden, mehrten sich die Zweifel an Dudleys Art: »Viele fragen, ob er noch der geeignete Chef sei, einer, der in der Lage sei, das 102 Jahre alte Traditionsunternehmen im erlauchten Kreis von ›Big Oil‹, der großen Ölkonzerne, zu halten.«[130] Nun würden sich die Schattenseiten seiner ruhigen Gangart zeigen. Er wirke auf Außenstehende wie jemand, der vor schnellen Entscheidungen zurückschrecke, schreiben die Autoren der *Süddeutschen Zeitung*.

Die Fähigkeit, seine eigene Rolle kontinuierlich zu hinterfragen und entsprechend anzupassen, wird auch in Zukunft an Gewicht gewinnen. Wer von seinem Unternehmen Veränderungsbereitschaft erwartet, darf sich dieser Aufforderung selber nicht verschließen. Die Rollendefinition innerhalb des Navigators ermöglicht dies.

Der CEO-Navigator im Kontext der Erwartungen

Wie wir demonstrieren konnten, ergeben sich aus der Anwendung des CEO-Navigators zahlreiche Möglichkeiten, sowohl die Positionierung als auch die Kommunikation des Vorstandsvorsitzenden möglichst effektiv – also ziel- und zweckgerichtet – zu strukturieren und zu gestalten. Unser in diesem Buch erstmals vorgestelltes Modell schafft nicht nur ein zuvor kaum vorhandenes Bewusstsein für die Anforderungen und Erwartungen, die mit der zunehmend öffentlichen Rolle des Vorstandsvorsitzes verbunden sind. Vielmehr hat es den ganzheitlichen Anspruch, auch dazu beizutragen, dass CEOs lernen, wie sie die Dynamik und Vielschichtigkeit ihrer Rolle erkennen, ihre eigenen Akzente setzen und die zahlreichen Möglichkeiten, die mit der Rolle verbunden sind, effektiv nutzen.

Doch so sehr wir vom Nutzen des Navigators überzeugt sind, seine Möglichkeiten dürfen nicht überschätzt werden. Er ist und bleibt ein Modell, mit dessen Hilfe das Umfeld, in denen sich CEOs heute bewegen, greifbarer und auch ein wenig berechenbarer gemacht werden soll. Der Anspruch ist nicht, die individuell sehr unterschiedlichen Lebenswirklichkeiten heutiger CEOs und ihrer Unternehmen in all ihrer Komplexität und Dynamik vollkommen abzubilden oder in starre Formen zu pressen.

Unser Ziel ist es vielmehr, einer Einzelfallbetrachtung, die zweifellos immer notwendig sein wird, mit unserem CEO-Navigator eine Struktur geben zu können, die nicht nur die Intuition unser langjährigen Beratungserfahrung, sondern ebenso auch die gängigen Erwartungen einer sich zunehmend ausdifferenzierenden Öffentlichkeit zu spiegeln vermag.

Doch auch wenn mittels des CEO-Navigators eine Positionierungsstrategie und ein klares, zieldienliches Profil entwickelt werden konnten, kann ihre Umsetzung nur gelingen, wenn sich CEOs offen zeigen für die zahlreichen Erwartungen und Anforderungen, die an sie herangetragen werden. Die Fähigkeit zu reflektieren, sich die kritische Distanz zum eigenen Auftritt zu bewahren, ist also nicht nur eine Voraussetzung für eine gelungene Positionierung. Sie ist vielmehr auch die Grundvoraussetzung für eine effektive Anwendung des Navigators. Denn so wie sich Erwartungen wandeln können, wird auch das mittels des Navigators gewonnene Rollenmodell von Zeit zu Zeit hinterfragt werden müssen.

Kapitel 4

Die Auseinandersetzung mit der Rolle als Chance verstehen

Nachdem wir uns nun also eingehend mit dem Wesen der Rolle und dem Modell des CEO-Navigators beschäftigt haben, wollen wir uns abschließend noch einmal unserem Ziel zuwenden. Inwiefern können ein besseres Bewusstsein für die CEO-Rolle sowie ein auf dieser Basis definiertes Rollenprofil dazu beitragen, die eingangs erwähnte Vorbereitungslücke zu schließen?

Zunächst einmal schafft bereits die Auseinandersetzung mit der eigenen Rolle sowie dem CEO-Navigator ein erweitertes Verständnis für das Umfeld, in dem sich CEOs nach ihrer Ernennung bewegen. Ein solches Verständnis ist zweifellos von großem Wert. Denn wie wir bereits gesehen haben, werden Vorstandsvorsitzende nicht selten mit zahlreichen, teils widersprüchlichen Erwartungen und Forderungen konfrontiert, die ihnen auf den ersten Blick überzogen, unrealistisch oder einfach nur unverständlich vorkommen mögen. Aus der geübten Rolle des Managers heraus mag die Folgerung schnell auf der Hand liegen: Forderungen werden verworfen oder gar ignoriert. Konzentriert wird sich einzig auf jene Dinge, die sinnvoll und zielführend erscheinen.

Als CEO jedoch wird sich die Realität nicht so einfach darstellen lassen. Denn was aus der Perspektive des Managers für wenig sinnvoll oder bedeutsam erachtet und somit vielleicht verworfen wird, mag für manche Stakeholder von überragendem Interesse sein. Dabei ist der Umstand, dass wir uns in unserer Bewertung und Sicht der Dinge unterscheiden, an sich kein sonderlich großes Problem. Erst die Tatsache, dass wir uns der anderen »Wirklichkeiten« nur selten bewusst sind und es uns daher schwerfällt, Verständnis für diese zu entwickeln, verkompliziert die Sache. Schließlich gilt: Nur weil wir etwas nicht verstehen oder weil etwas unserem Verständnis nach keinen Sinn macht, heißt dies im sozialen Kontext nicht, dass somit automatisch der für alle zu beobachtende Unsinn belegt wurde.

Ein kleines Beispiel soll dies veranschaulichen: Denken Sie an ein Bücherregal. Sie finden dort viele Bücher vor, die allesamt alphabetisch nach den Familiennamen der Autoren geordnet sind. Da uns diese Form der Ordnung äußerst geläufig ist, finden wir uns hier schnell zurecht. Nun stellen Sie sich ein Bücherregal vor, das ebenfalls Bücher enthält; nur diesmal fällt es Ihnen schwer, eine Ordnung zu erkennen. Kleine Bücher stehen neben großen, dicke neben dünnen. Kurzum: Die gewählte Ordnung ergibt keinen Sinn, sie erscheint unsinnig, unordentlich und willkürlich gewählt. Der Besitzer des Regals muss ein Chaot sein, wie sonst könne man sich eine solche Unordnung erklären? Erst auf Nachfrage erfahren Sie, dass der Besitzer die Bücher chronologisch nach Erscheinen geordnet hat. Nun fällt es Ihnen wie Schuppen von den Augen. Sie erkennen eine Ordnung, wo vorher keine war, und haben keine Schwierigkeiten, sich zurechtzufinden. Erst im Bewusstsein der gewählten Ordnung erkennen Sie den Sinn der gewählten Anordnung.

Es mag banal klingen, aber sieht man sich im Alltag gegensätzlichen Meinungen und Interessen gegenüber, liegt für den Volksmund die Wahrheit häufig in der Mitte. Doch wie will man diese Mitte erkennen, wie will man scheinbar widersprüchliche Interessen und Erwartungen moderieren oder die eigene Position überzeugend vertreten, wenn das Bewusstsein für die Position des Gegenübers und dessen Sicht der Dinge fehlt?

Die Beschäftigung mit der eigenen Rolle mittels des CEO-Navigators liefert hier wichtige Anhaltspunkte, da sie ohne eine Auseinandersetzung mit den Rollenerwartungen der Stakeholder kaum auskommt. Ohne ein Verständnis für diese Erwartungen kann die Rolle kaum gelebt werden. Und ohne eben dieses Verständnis und den Willen, die in die eigene Person gesetzten Rollenerwartungen zumindest ernst zu nehmen und zu respektieren, werden nur wenige Stakeholder den Führungsanspruch des CEOs über das als nötig erachtete Maß hinaus anerkennen.

Es lohnt daher, die Rolle vielmehr als Chance und keinesfalls als eine weitere Herausforderung oder gar als notwendiges Übel zu betrachten. In einem Umfeld, das sich durch seine zunehmende Komplexität und Dynamik auszeichnet und in dem die Zukunft zunehmend unberechenbar erscheint, gilt dies umso mehr. Denn gerade in einem solch unruhigen Kontext wirkt die Rolle des CEOs wie eine Konstante. Anders als jene, die gehalten sind, sie auszufüllen, kommt und geht die Rolle des CEOs nicht, sondern bleibt bestehen. Sie ist es, auf die die zahlreichen Rollenerwartungen projiziert werden. Und über sie wird kommuniziert.

Diese Vorstellung mag auf den ersten Blick sehr vereinfacht und theoretisch wirken. Und in der Tat braucht es die Persönlichkeit und Historie des Menschen hinter der Rolle, um diese zum Leben zu erwecken. Dennoch eignet sich eine solche Vorstellung als gedanklicher Anker, als fester Bezugspunkt, von dem eine weitergehende Betrachtung der Vorteile der Rolle möglich wird.

Um einige dieser Vorteile exemplarisch darlegen und somit konkreter und greifbarer machen zu können, wollen wir auf Basis der bisherigen Ausführungen drei grundsätzliche und für angehende CEOs durchaus relevante Empfehlungen aussprechen, die so ähnlich bereits von den Wirtschaftswissenschaftlern Michael Porter, Jay Lorsch und Nitin Nohria formuliert wurden.[131] Für unseren Zweck wollen wir diese Empfehlungen aufgreifen und mittels des nun gewonnenen Verständnisses für den Navigator und die CEO-Rolle weiter konkretisieren. Auf diese Weise kann es nicht nur gelingen, diese ansonsten recht abstrakten Schlussbemerkungen in die Praxis zu tragen. Vielmehr wollen wir auf diesem Wege auch die Relevanz der Rolle sowie des Navigators untermauern und Handlungsmöglichkeiten aufzeigen.

Empfehlung Nr. 1: Erweitern Sie Ihr Selbstverständnis und betrachten Sie sowohl Ihre Aufgabe als auch Ihre Rolle aus mehreren Perspektiven.

Vorstandsvorsitzende sind keine klassischen Manager mehr. Zweifellos verdanken nicht wenige CEOs ihre Berufung auf den Spitzenposten ihren herausragenden Managerqualitäten. Diese allein sind jedoch kaum ausreichend, um der Aufgabe des Vorstandsvorsitzes gerecht zu werden. Anders als in der Detailarbeit des operativen Managements geben CEOs die Richtung vor und erschaffen Rahmenbedingungen, die es internen wie auch externen Anspruchsgruppen ermöglichen, auf ein gemeinsames Ziel hinzuarbeiten. Im gesellschaftlichen Kontext werben sie für Verständnis und Unterstützung, um die Umsetzung der Unternehmensziele zu gewährleisten und nicht zuletzt auch die *License to Operate* des Unternehmens zu sichern.

Empfehlung Nr. 2: Verlassen Sie sich nicht allzu sehr auf die Ihnen durch die Satzung festgeschriebenen Rechte oder positionsbezogene Autorität.

Die Autorität des Vorstandsvorsitzenden beruht weitestgehend auf der Bereitschaft der relevanten Stakeholder, den Führungsanspruch des CEOs auch anzuerkennen. Auch sind sich Vorstandsvorsitzende bewusst, dass die Umsetzung der eigenen Strategien ungleich erfolgreicher ist, wenn es gelingt, sich die Unterstützung und die Loyalität ihrer Stakeholder zu verdienen.

Empfehlung Nr. 3: Werden Sie nicht müde, sich selbst, Ihre Aufgabe und Ihre Agenda zu hinterfragen.

CEOs sind auch nur Menschen. Die Fähigkeit, das eigene Handeln kontinuierlich zu reflektieren, verhindert Überheblichkeit sowie Selbstüberschätzung und erhält jene Wachsamkeit und Neugier, die es Unternehmenslenkern auch in schwierigen Zeiten erlauben, den Überblick zu behalten, Strategien anzupassen und Möglichkeiten wie auch Risiken zu identifizieren beziehungsweise um Akzeptanz zu werben.

Die Rolle und das erweiterte Selbstverständnis

Die Forderung, Vorstandsvorsitzende müssten sich ein neues Selbstverständnis aneignen, ist weder neu noch falsch. Entsprechend konsequent wird die Debatte über die möglichen Formen eines solchen neuen Selbstverständnisses in Foren, wissenschaftlichen Publikationen und Kongressen geführt. Auffällig ist dabei, dass meist eine Rolle durch eine andere ersetzt werden soll. Entsprechend häufig bedient sich die Sprache des Wortes ›statt‹: Führungspersönlichkeiten statt Manager, Change Agents statt Bewahrer, charismatische Staatsmänner statt aufs operative Management fokussierte Projektleiter. Eine solche Argumentation mag in ihrer Eindeutigkeit sinnvoll sein, um die Notwendigkeit eines solchen Wandels deutlich zu machen. In der Sache hingegen ist sie zumindest irreführend. Denn wie unsere bisherigen Ausführungen zeigen, sollte die Forderung nach einem neuen Selbstverständnis nicht in die Suche nach einem neuen, jedoch einseitigen Profil münden. Vielmehr geht es darum, das eigene Selbstverständnis zu *erweitern*.

Warum dies nicht nur sinnvoll, sondern auch notwendig ist, soll ein Verweis auf eines der wohl wichtigsten Instrumente des CEOs – die Unternehmensstrategie – zeigen. Was genau haben die CEO-Rolle und die Strategie des CEOs beziehungsweise des Unternehmens gemein? Bestehen gegenseitige Wechselwirkungen? Wenn ja, was bedeutet dies für unser Verständnis der Strategie?

Ist ein Spitzenmanager erst einmal für den Vorstandsvorsitz designiert, wird man solche Fragen für gewöhnlich kaum thematisieren. Der Wert der Strategie ist unbestritten. So sind strategische Vorüberlegungen in aller Regel bereits integrale Bestandteile der Vorbereitung. Die Rolle hingegen erfährt kaum Beachtung. Und dennoch ist es lohnenswert, sich bereits lange vor Amtsantritt mit den genannten Fragestellungen auseinanderzusetzen. Warum?

Der Grund ist denkbar einfach: In einer durch zunehmende Komplexität und Dynamik geprägten Welt, in der sich der Trend zur Personalisierung stetig fortsetzt, werden Vorstandsvorsitzende zum greif- und sichtbarsten Symbol der Unternehmensstrategie. Ihnen obliegt es, die Strategie und mit dieser den organisatorischen Kontext zu definieren und zu gestalten. Und sie sind es, von denen erwartet wird, dass sie wie kein anderer die Strategie verkörpern und repräsentieren. Ihr Wort, aber auch ihr Schweigen, ihr Ausdruck, die Mimik und Gestik, all dies wird zum Gradmesser der Unternehmung. Geht die Strategie auf, wird dies zum persönlichen Erfolg des CEOs. Scheitert sie, sind die Folgen ebenso naheliegend. Die Rolle des CEOs und die Strategie sind demnach bis aufs Engste miteinander verzahnt.

Um diese Symbiose nun also möglichst gewinnbringend für sich zu nutzen, kann der CEO-Navigator gleich in zweierlei Hinsicht wertvolle Unterstützung leisten.

Der CEO-Navigator und der »strategische Fit«

Zunächst einmal ermöglicht der Navigator die Darstellung des bisherigen Rollenprofils und schafft somit ein Bewusstsein für die mögliche Einordnung und Bewertung der eigenen Person in der Öffentlichkeit. Diese Fremdsicht bereits vor Amtsantritt zu kennen kann insbesondere für die Vorbereitung sowohl der eigenen medialen Positionierung als auch der späteren strategischen Zielsetzung von großem Vorteil sein. Denn kaum jemand – seien es Investoren, Analysten oder Journalisten – wird in seinem Bestreben, den Neuen einordnen zu wollen, auf offizielle Darstellungen warten wollen. Schon früh wird man versuchen, so viel wie möglich über den designierten CEO herauszufinden. Seien es der bisherige berufliche Werdegang oder persönliche Hobbys und Leidenschaften – nahezu alles, was geeignet ist, Anhaltspunkte auf das Verhalten, die strategischen Schwerpunkte, aber auch den Stil des neuen CEOs zu liefern, wird dahingehend seziert und analysiert werden.

So gern dies manch ein designierter Spitzenmanager auch verhindern würde, schützen kann man sich vor einer solchen, beizeiten auch tief in die Privatsphäre eindringenden Aufmerksamkeit kaum. Wer sich jedoch bereits im Vorfeld Gedanken über den bisherigen Werdegang und somit auch über das mögliche Fremdbild der Stakeholder macht, der wird diesen Prozess wesentlich besser steuern können als jene, die dies versäumen. Denn nicht immer sind die von der Öffentlichkeit gewählten Schubladen, in die CEOs meist bereits schon vor den ersten offiziellen Stellungnahmen gesteckt werden, die richtigen oder zieldienlichen. Hat man sich zum Beispiel in der bisherigen Karriere einen Namen als knallharter Sanierer gemacht und wird nun als Nachfolger des bisherigen CEOs präsentiert, wird für viele der Schluss naheliegen, der Neue könne auch in diesem Unternehmen fortan mit eiserner Hand regieren und eher für Revolution als Evolution stehen.

Wie sich dies auswirken kann, zeigt das Beispiel der *Turnaround Artists*.

Als Ende der 1980er Jahre zahlreiche amerikanische Traditionsunternehmen infolge jahrelanger Fehlplanung, verschleppter Innovationen sowie erhöhten Konkurrenzdrucks aus Fernost in die Krise rutschten, schien die Zeit für eine neue Generation von CEOs gekommen zu sein. Als *Turnaround Artists* bezeichnete man jenen Schlag Manager, der sich auf Restrukturierungen spezialisiert hatte und einen Führungsstil prägte, der insbesondere durch Härte, unkontrollierte Wutausbrüche oder Massenentlassungen geprägt war. Allein die Spitznamen sprachen Bände. Edwin Artzt, CEO des Konsumgüterherstellers Procter & Gamble, schloss zahlreiche Produktionsstandorte und reduzierte nur allzu willig die Belegschaft. Sein Spitzname: »Prince of Darkness«. Oder Al »Chainsaw« Dunlap, der ehemalige CEO des US-amerikanischen Hausgeräteherstellers Sunbeam, der dank seiner Wutausbrüche und der ungehemmten Tendenz zum Downsizing auch »Rambo in Pinstripes« genannt wurde. Als bekannt wurde, dass Dunlap die Nachfolge bei Sunbeam antreten werde, stieg der Aktienkurs in freudiger Erwartung radikaler Kostensenkungs- und Strukturmaßnahmen innerhalb weniger Stunden um rund 50 Prozent. Mitarbeiter und Gewerkschaftler hingegen gingen sofort auf die Barrikaden, da sie aufgrund des bisherigen Werdegangs Dunlaps bereits ahnten, dass eine Verständigung kaum möglich sein werde.

Wer sich einen *Turnaround Artist* ins Haus holte, der setzte ein klares und unmissverständliches Signal. In der Rolle des knallharten Change Agents bildeten CEOs und ihre Strategien die perfekte Symbiose. Am mittel- bis langfristigen Wert durfte gezweifelt werden, doch kaum jemand konnte von sich behaupten, im Unklaren über Strategie und Kurs des Unternehmens zu sein.

Doch was passiert, wenn das neue Mandat den als Sanierer bekannten CEO in einer anderen, vielleicht sogar auf Kontinuität bedachten Rolle fordert?

Eine sorgfältige Vorbereitung der eigenen Positionierung, in der die Kenntnis des bisherigen Öffentlichkeitsprofils mit einfließt, erspart in einem solchen Fall eine mitunter sehr zeitintensive Aufklärungs- und Überzeugungsarbeit.

Wenn es also nicht gelingen kann, sich des Interesses der Stakeholder zu erwehren, sollte man diesen Prozess von vornherein aktiv mitgestalten, indem man sich bereits früh mittels des CEO-Navigators Gedanken über die zukünftige Rolle und dementsprechend auch mögliche strategische Akzente macht. Die mediale Positionierung kann und sollte keineswegs als leidige PR-Aufgabe, sondern vielmehr als strategische Maßnahme verstanden werden. Es gilt, sich in Erinnerung zu rufen, was wir bereits erläutert haben: Je besser die Rolle des CEOs mit den Zielen und Schwerpunktsetzungen der Strategie harmoniert, desto glaubwürdiger und effektiver wird die Kommunikation des CEOs. Anders als noch häufig angenommen, können designierte Vorstandsvorsitzende viel zur Wahrnehmung eines solchen »strategischen Fit« (vgl. Unterkapitel »Abstimmung mit dem Aufsichtsrat/der Unternehmensstrategie«) beitragen. Die Bereitschaft, dem Rechercheeifer der Stakeholder entgegenzukommen und das eigene Rollenbild dabei insbesondere auch mit persönlichen Elementen zu untermauern, erlaubt von vornherein eine stimmige und authentische Darstellung der eigenen Person. Und der bewusste Umgang mit den eigenen Erfahrungen und Lebensgeschichten trägt viel zur Souveränität des CEOs bei.

Wenn der ehemalige CEO des Konsumgüterherstellers Henkel, Ulrich Lehner, anfing, über sein Unternehmen und die Welt zu sprechen, dann war jedem Zuhörer sofort klar: Dieser Mann lebt seine Rolle. Schon früh gelang es Lehner, seine Bindung zum Unternehmen Henkel glaubhaft darlegen zu können. Aufgewachsen in Düsseldorf, war Henkel für ihn immer auch ein Stück Heimat. Lehner liebte es, Geschichten zu erzählen, auch persönliche. So wollten Journalisten einst wissen, ob denn der Ingenieur und promovierte Wirtschaftswissenschaftler auch in der Lage sei, mit wirtschaftlich äußerst herausfordernden Situationen umzugehen. Anstatt sich vorbereiteter Statements zu bedienen, erzählte Lehner der erstaunten Runde von der Holzhandlung, die seine Eltern besaßen. »Wir Kinder haben ordentlich mitgearbeitet. Deshalb kann ich gut große Platten um enge Ecken tragen«, zitierte ihn die *Financial Times Deutschland*.[132] Eine solche Kombination aus rheinischem Humor, der Fähigkeit zu menscheln und einer entwaffnenden Souveränität überzeugte und erübrigte weitere Nachfragen.

»Leadership is autobiographical«, schreibt der Managementexperte Noel Tichy und verweist auf das immense Potenzial kurzer autobiografischer Erzählungen.[133] So verrät bereits Lehners kurze Geschichte über die Holzhandlung seiner Eltern mehr über seine Persönlichkeit, als es ein ganzer Vortrag aus seinem Lebenslauf jemals könnte.

Der Markenexperte Frank Dopheide weist zu Recht darauf hin, dass es trotz der zeitweisen öffentlichen Euphorie für den einen oder anderen CEO kein Idealbild eines erfolgreichen Konzernchefs gebe.[134] Es in Stil und Auftritt einem Steve Jobs oder Warren Buffett gleichzutun, ist dementsprechend kaum empfehlenswert. Auch geht es keineswegs darum, zu schauspielern oder sich zu verbiegen – dass diese Einwände unberechtigt sind, haben wir bereits darlegen können. Es geht vielmehr darum, das Rollenbild des CEOs mit eigenen, persönlichen Elementen zu untermauern. Nur so wird dieses als stimmig und authentisch wahrgenommen.

Der CEO-Navigator und das Management 2. Ordnung

Neben der Möglichkeit, die eigene Rolle und das eigene Profil schon frühzeitig mit der Strategie des Unternehmens beziehungsweise der eigenen strategischen Zielrichtung abzugleichen, ergibt sich aus der Anwendung des CEO-Navigators jedoch noch ein weiterer Vorteil.

Wer die Art und Weise, wie wir Wirklichkeiten wahrnehmen und formen, verstehen will, dem sei ein Blick auf die Sozialisation seines Gegenübers empfohlen. Nun haben wir bereits festgestellt, dass die Frage nach Wirklichkeiten im klassischen Werdegang eines Spitzenmanagers keine sonderlich große Rolle spielt. Ist die Sozialisation vieler Manager ähnlich, werden sich weitergehende Fragen nach unterschiedlichen Sichtweisen und Realitäten über weite Strecken der Karriere auch kaum ergeben. Für Vorstandsvorsitzende kann eine Auseinandersetzung mit diesem Thema dennoch äußerst gewinnbringend sein. Das Beispiel der *déformation professionnelle* soll zeigen, warum.

Diese bereits 1937 von dem Psychologen Daniel Warnotte definierte »berufliche Deformation« umschreibt das Phänomen, dass sowohl die Ausbildung als auch der Beruf und die damit zusammenhängende Sozialisation in starkem Maße unser Verhalten und unsere Sicht auf die Welt beeinflussen.[135] Wenn zum Beispiel der Lehrer auf einer Party zum Dozieren neigt, sich der Umweltpolitiker beim Anblick eines neuen Autos zunächst über dessen Verbrauch erkundigt oder der Polizist überall Verbrecher vermutet, dann wurde die soziale Rolle auch im privaten derart von der beruflichen Sozialisation geprägt, dass man von einer *déformation professionnelle* sprechen kann.

Spitzenmanager sind in dieser Hinsicht keine Ausnahme. Auch sie blicken meist auf einen ähnlich gelagerten Erfahrungshorizont zurück, besuchen die gängigen, häufig angelsächsisch orientierten Elite-Unis und weisen vergleichbare Lebensläufe auf. So verwundert es kaum, dass sich diese in ihrer Sicht der Dinge sowie in der Art und Weise, wie Sachverhalte umschrieben, analysiert und durchdacht werden, häufig ähneln. Dabei geht es keineswegs darum, immer einer Meinung zu sein. Auch können Missverständnisse auftreten. Doch im Großen und Ganzen eint viele Manager eine ähnliche Weltsicht. Nicht von ungefähr warnte im Juni 2012 der ehemalige Personalvorstand der Deutschen Telekom, Thomas Sattelberger, vor dem Trend zum »Selbstklonen« und gab zu bedenken, dass durch die weitgehende Harmonisierung von Managerkarrieren eine »gefährliche Monokultur« entstehen könne.[136]

Nun sind die Folgen einer solchen *déformation professionnelle* nicht direkt absehbar. Auch liegt es in ihrer Natur, dass sie sich zumindest unter Gleichgesinnten kaum zu erkennen gibt. Und doch birgt dieses scheinbar alltägliche Phänomen für die Unternehmensstrategie nicht zu unterschätzende Gefahren. Um illustrieren zu können, wo genau diese liegen und wie sich dies auswirkt, lohnt sich zunächst ein klärender Blick auf die Strategie und die gestiegenen Anforderungen an den CEO als deren Gestalter und Repräsentant.

Die Strategie als Darstellung einer zieldienlichen Wirklichkeit

Obwohl das Wort »Strategie« eines der am häufigsten verwendeten Wörter der Wirtschaft ist, fällt eine allgemeingültige Begriffsbestimmung äußerst schwer. Der kanadische Managementprofessor und Strategieexperte Henry Mintzberg definiert Strategie zwar wiederholt als »ein Muster in einem Strom von Entscheidungen.«[137] Da jedoch auch er erkannte, dass sich eine solche Definition nur bedingt für die praktische Anwendung eignet, behandelte auch Mintzberg seine Definition eher als Arbeitsdefinition für weitergehende Untersuchungen.[138] Einen anderen, wesentlich dynamischeren Ansatz verfolgte vor rund 200 Jahren der preußische Generalfeldmarschall Graf Helmuth von Moltke. Ihm zufolge sei eine Strategie die »Fortbildung des ursprünglich leitenden Gedankens entsprechend den sich stets ändernden Verhältnissen«, ein »System der Aushülfen.«[139] Dass dieser Gedanke weitgehend zeitlos ist, zeigt die Definition des ehemaligen Vorstandsvorsitzenden der Strategieberatung Roland Berger, Burkhard Schwenker. Strategie, so Schwenker, sei keineswegs nur Plan oder Ergebnis, sondern vielmehr ein Prozess.[140] Der Strategieexperte Fredmund Malik hingegen wählt wiederum einen anderen Blickwinkel und schreibt, Strategie sei angesichts der zunehmenden Komplexität nichts anderes als das »Umgehen mit einem nicht zu beseitigenden Mangel an Wissen.«[141]

Auch wenn diese Definitionen zunächst unterschiedlich erscheinen mögen, in zwei wesentlichen Merkmalen stimmen sie überein: Erstens, eine Strategie ist immer auch eine bewusste Entscheidung für ein bestimmtes Bild der Zukunft (oder auch Zielbild), basierend auf selektiven Annahmen über die Gegenwart. Beides – das Zielbild ebenso wie die Darstellung des Status quo – können, müssen aber nicht genauso eintreten beziehungsweise sein, wie es die Analyse vorhersagt. Dementsprechend sollte eine Strategie, zweitens, auch immer in der Lage sein, die Veränderungsanfälligkeit der Welt zu reflektieren und Grundannahmen wie auch die von diesen abgeleiteten Maßnahmen entsprechend anzupassen.

Die erste wesentliche Gemeinsamkeit der genannten Strategiedefinitionen befasst sich mit dem Charakter der Strategie. Ist es schlichtweg unmöglich, die Zukunft vorherzusagen und alle möglichen Einflüsse und Faktoren, die das gewünschte Ergebnis beeinflussen könnten, zu skizzieren, bleibt auch das durch die Strategie umrissene Zielbild nur eines unter vielen anderen möglichen. Doch damit nicht genug. Auch die zahlreichen Annahmen über den vermeintlich einfacher zu analysierenden Status quo suggerieren häufig eine Sicherheit, die es im sozialen Miteinander nur bedingt gibt.

Rita Gunther McGrath, Professorin für Strategie an der Columbia Business School, warnt ihre Kollegen dementsprechend vor Selbstüberschätzung. Zahlreiche Untersuchungen hätten gezeigt, dass viele Führungskräfte ihre eigenen kognitiven Fähigkeiten überschätzen, wenn es darum gehen, die Auswirkungen des eigenen Handelns zu begreifen: »Die meisten Führungskräfte glauben, sie könnten mehr Informationen aufnehmen und richtig interpretieren, als Untersuchungen es nahelegen. Infolgedessen handeln sie oft voreilig und treffen wichtige Entscheidungen, ohne ganz zu verstehen, wie sich diese auf das System auswirken.«[142] *Overconfidence-Effekt* nennt sich dies in der Psychologie. Die Realität sehe freilich anders aus, schließlich ist es »unmöglich, ein komplexes System vollständig zu überblicken.«[143]

Seien es Normalverteilungen, Marktanalysen oder Prognosen, sie alle sind wichtig, um unserem Handeln eine Richtung zu geben. Allerdings sollte dies immer in dem Bewusstsein geschehen, dass auch die sorgfältigste Analyse kaum in der Lage sein dürfte, den gesamten Status quo mit all seinen Wechselwirkungen zu erfassen. Fehlt dieses Bewusstsein, erscheint uns der durch die von uns gewählte Analyse abgebildete Status quo häufig realer als die Realität. Die dadurch gewonnene vermeintliche Sicherheit und Berechenbarkeit trügt jedoch. »Je planmäßiger die Menschen vorgehen, desto wirksamer vermag sie der Zufall zu treffen«, heißt es hierzu bei Friedrich Dürrenmatts 21 Punkten zu den Physikern.

Das Wesen der Strategie ist demnach also wesentlich vielschichtiger und flexibel als weithin angenommen. Dementsprechend ist die zweite Grundannahme, die Strategie als einen dynamischen Prozess zu verstehen, umso konsequenter. Um die Vorzüge einer solchen Feststellung darlegen zu können, lohnt sich zunächst ein Blick auf die Untersuchungen Henry Mintzbergs und James A. Waters.

Die beiden Wissenschaftler untersuchten und kategorisierten vor 35 Jahren die Strategien zahlreicher Unternehmen aus unterschiedlichsten Branchen. Dabei galt ihr Interesse insbesondere der Umsetzung, also dem Prozess oder Weg von der beabsichtigten Strategie – dem Entwurf – bis hin zur realisierten Strategie – dem Ergebnis.

Anhand der Ergebnisse gelang es Mintzberg und Waters, zwischen acht unterschiedlichen Strategieformen zu unterscheiden, die sich jeweils in ihrem Grad der Abweichung des Ergebnisses vom Entwurf unterscheiden lassen. Solche Strategien, die tatsächlich wie geplant umgesetzt werden konnten, bezeichneten die Autoren als »deliberate strategies«, also »beabsichtigte Strategien«. Jene Strategien, die im Ergebnis im großen Umfang von der eigentlichen Planung abwichen, nannten Mintzberg und Waters »emergent strategies«, also »emergente Strategien«.[144] Ihrer gegensätzlichen Natur entsprechend befinden sich beide Strategiearten am jeweils anderen Ende des Spektrums, an zwei gegensätzlichen Polen. Der Unterschied zwischen den beiden Polen ergebe sich aus der Rigorosität der Umsetzung. Während sich das Management bei der Umsetzung beabsichtigter Strategien einzig auf Kontrolle sowie die Implementation einzelner Projektschritte fokussieren, bewahre sich das Management bei der Umsetzung emergenter Strategien die Flexibilität, auch in der Phase der Implementation auf ein sich wandelndes Umfeld zu reagieren.

In ihren Untersuchungen machten die Forscher eine interessante Entdeckung. So stellten Mintzberg und Waters fest, dass es vollkommen emergente Strategien, also solche Strategien, die kaum mehr mit der ursprünglichen Planung übereinstimmten, nicht gebe. Man könnte argumentieren, dass für solche Strategien die *interne Akzeptanz* fehle, immerhin würde eine solche Strategie eher für gescheitert erklärt werden, bevor sich die Notwendigkeit ergeben dürfte, diese bis zur Unkenntlichkeit anzupassen.

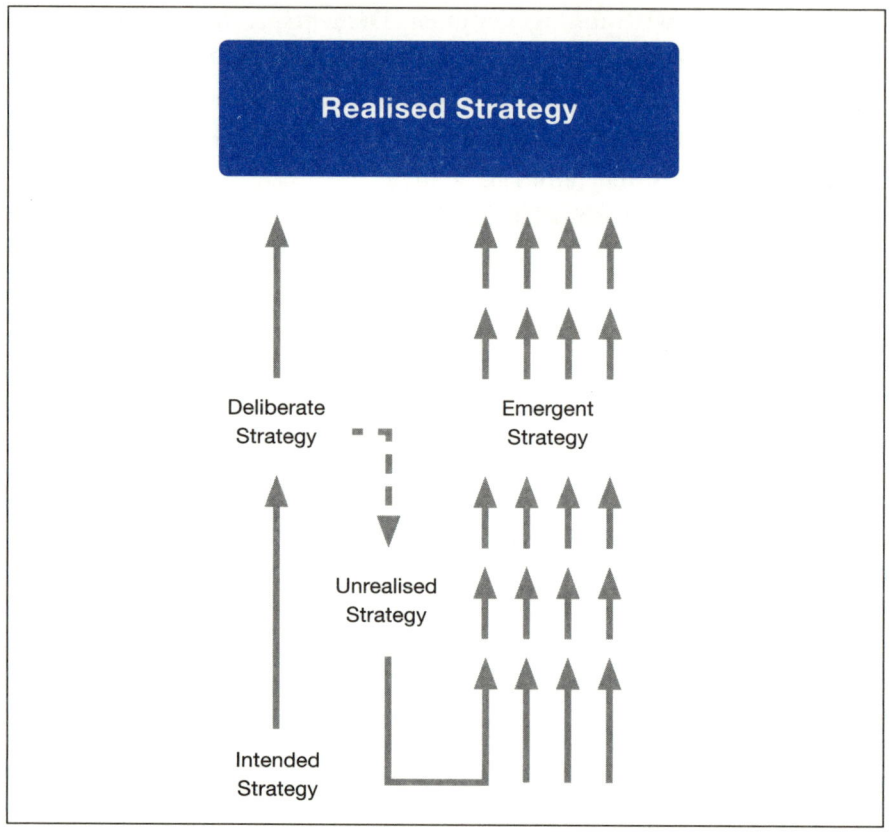

Allerdings erkannten die beiden Wissenschaftler im Rahmen ihrer Untersuchungen auch, dass bis ins Detail geplante, das heißt beabsichtigte Strategien kaum mehr eine Zukunft haben. Denn diesen fehle schlicht das *Umfeld*, in dem Pläne eins zu eins umgesetzt werden könnten. Schließlich müsste ein solches Umfeld entweder hochgradig berechenbar oder weitestgehend statisch sein, um eine solche Umsetzung auch gewährleisten zu können.

Die Empfehlung der Experten liegt – wie zu erwarten war – in der Mitte, zwischen den Polen: »Our conclusion is that strategy formation walks on two feet, one deliberate, the other emergent.«[146]

Der Grund klingt einleuchtend: Nimmt die Komplexität und Veränderungsgeschwindigkeit der Umwelt zu, müsse sich das Management auch in der Umsetzung die Flexibilität bewahren, die Strategie – sofern nötig – anzupassen. Mintzberg und Waters nennen eine solche Fähigkeit »strategic learning.« Diese sei insbesondere bei Strategien mit klaren emergenten Wesensmerkmalen zu beobachten und erfordere vom Management eine erhöhte Wachsamkeit. Dabei greifen die Autoren dem Verdacht vor, eine emergente Strategie gehe auch immer mit einem Kontrollverlust ein. Es gehe lediglich darum, flexibel, aufmerksam und lernbereit zu sein, um die Strategie, wenn nötig, den veränderten Rahmenbedingungen einer komplexen und dynamischen Umwelt anpassen zu können.[147]

Inwiefern sind diese Erkenntnisse über die Strategie nun relevant für Vorstandsvorsitzende?

Kaum jemand würde den von Mintzberg und Waters dargestellten Empfehlungen widersprechen. Es macht Sinn, den Herausforderungen einer von Dynamik und Komplexität geprägten Welt mit Strategien zu begegnen, die sich ebenso über ein Maß an Flexibilität auszeichnen. Doch in der Realität, so die eindeutige Feststellung der Wissenschaftler, sei es mit der Flexibilität der Strategieplanung und -adaption nicht weit her. Entsprechend nannten sie die geplante oder beabsichtigte Strategie auch klassische Strategie. Einmal beschlossen, stehe klassischerweise die Zielerreichung im Vordergrund. Grundannahmen über das Umfeld treten in den Hintergrund. In der Folge misst sich Erfolg fast ausschließlich an der Abweichung des Ergebnisses von der ursprünglichen Strategie.[148]

Die Gründe für eine solche Abweichung zwischen Anspruch und Wirklichkeit sind mannigfaltig. So kennt die Psychologie die menschliche Eigenart, Flexibilität einzubüßen, sobald man sich erst einmal festgelegt hat.[149] Darüber hinaus wird in der Managementliteratur auch häufiger erwähnt, dass eine nachträgliche Änderung in Managementkreisen noch zu schnell als Versagen oder Scheitern gesehen werden könnte. Der Soziologe Paul Watzlawick hingegen verweist in diesem Zusammenhang auf die Beobachtung, dass wir Menschen uns meist nicht bewusst sind, dass die der Strategie zugrunde liegende Weltsicht keineswegs einzigartig oder universell gültig ist. In der Tat treffen wir ständig bestimmte Annahmen über unsere Umwelt, nur um anschließend wieder zu vergessen, dass wir selber die Schöpfer unserer Weltsicht waren. Subjektive Annahmen verfestigen sich zu scheinbar universellen und objektiven Wahrheiten. Die ursprünglich kontingente Weltsicht wird zur einzig richtigen, man wird blind dafür, dass auch »alles ganz anders sein könnte«.[150]

Diese Denk- und Vorgehensweise entspricht dem bereits in Kapitel 1 erwähnten Management 1. Ordnung. Laut Backhausen basiert dieses ja gerade auf der Annahme, dass man den vom CEO vorgegebenen strategische Rahmen nicht infrage stellt.

Manager 1. Ordnung sind es gewohnt, Prozesse zu managen, auf eine effiziente Umsetzung zu achten und messbare Ergebnisse zu liefern. Auch erstreckt sich deren Verantwortung auf die Ausarbeitung und Umsetzung von Teilstrategien und taktischen Maßnahmen. Doch nahezu alle Annahmen über das Umfeld, die Gegenwart, die Zukunft sowie mögliche Entwicklungen – kurzum: die Wirklichkeit, wie sie sich dem Manager 1. Ordnung darstellt – werden kaum oder gar nicht infrage gestellt. Innerhalb des vorhandenen Rahmens, das Ziel immer vor Augen, handelt der CEO, als ob es die eine, universale Wirklichkeit gebe. »Sobald zwischen verschiedenen kontingenten Möglichkeiten von Wirklichkeitskonstruktionen eine Entscheidung getroffen ist, muss so gehandelt werden, als ob dies die Realität mit ihren dann geltenden Gesetzen sei«, schreibt Wilhelm Backhausen.[151]

Und so ist es kaum verwunderlich, wenn frischgebackene CEOs angesichts der immensen Komplexität, mit der sie sich meist bereits zu Beginn der Amtszeit konfrontiert sehen, so reagieren, wie sie bereits als Manager 1. Ordnung reagierten: Sie vereinfachen und versuchen, Probleme isoliert zu behandeln.

Ein solcher »Standardreflex« sei zwar verständlich, aber äußerst irreführend, schreibt der Soziologe Dirk Baecker in seinem Buch *Postheroisches Management*. Denn: »Das Problem, mit dem man es zu tun hat, wenn man es mit Komplexität zu tun hat, ist nicht einfach als Unüberschaubarkeit und Mangel an Ordnung zu interpretieren. Das entscheidende Kennzeichen von Komplexität ist vielmehr, dass man es mit der Notwendigkeit zu tun hat, eine Auswahl des Wichtigen zuungunsten des Unwichtigen zu treffen, gleichzeitig jedoch weiß, dass das, was heute unwichtig ist, morgen schon wichtig sein kann. Was auch immer man auswählt, morgen schon muss man unter Umständen anders auswählen.

Und außerdem: Was auch immer man auswählt, andere würden anders wählen und machen das auch, wenn man sie zu Wort kommen lässt, hinreichend deutlich.«[152]

Vorstandsvorsitzende sind keine Manager 1. Ordnung mehr. Anders als ihre Kollegen im Topmanagement sehen sie sich konfrontiert mit einem nicht zu behebenden Mangel an Wissen und Information. Ein CEO, der sich als Manager 2. Ordnung versteht, hat erkannt, dass es die *eine* Wirklichkeit, die *eine* universale Realität, nicht gibt. Daraus entsteht die Freiheit, sich für einen Weg unter vielen entscheiden zu können. Aber eben auch die Notwendigkeit, die eigenen Grundannahmen sowie die Weltsicht, die dieser zugrunde liegt, beizeiten zu hinterfragen und zu erklären. Darüber hinaus ist es schlicht unmöglich, im Voraus zu wissen, was sich im Rückblick als richtig oder erfolgreich erweisen wird. Und so werden die Komplexität und die mangelnde Prognosefähigkeit des eigenen Handelns ebenso akzeptiert wie die Tatsache, dass es bei Entscheidungen nicht mehr darum geht, ob ein Weg richtig oder falsch ist, sondern ob er mit größerer Wahrscheinlichkeit ans Ziel führt als die erwogenen Alternativen. In ihrer Rolle als Manager 2. Ordnung wird von Vorstandsvorsitzenden nichts anderes erwartet, als dass sie Strategien entwerfen, Wegmarken und Ziele definieren, diese erklären und alle relevanten Stakeholder von diesen überzeugen. Sie sind es, die den organisatorischen Kontext, den Rahmen und die *gemeinsame* Wirklichkeit erst erschaffen, innerhalb dessen das Management 1. Ordnung überhaupt erst möglich wird.

Der CEO-Navigator als Gegengewicht
zur *déformation professionnelle*

Der englische Dichter Samuel Johnson schrieb einst, die Fesseln der Gewohnheit seien derart fein, dass man sie gar nicht spüre. Ähnliches gilt auch für das Phänomen der *déformation professionnelle*. Denn nicht zuletzt deren Alltäglichkeit und Allgegenwart und die Tatsache, dass sie nicht nur das Denken einzelner, sondern ganzer sozialer Gruppierungen beeinflusst, resultieren in einer Situation, in der ein ausgeprägtes Verständnis für das Management 2. Ordnung kaum reifen kann.[153]

Anstatt Strategien von vornherein in dem Bewusstsein für die Wirklichkeiten der relevanten Anteilseigner sowie öffentliche Wirkung zu erarbeiten, werden diese in ihrem Wesen noch immer häufig auf reine Pläne oder Maßnahmenkataloge reduziert. Letztere sind zweifellos wichtig, doch kaum ausreichend. Denn jede Strategie bleibt ein Muster ohne Wert, wenn es nicht gelingt, die eigenen Anteilseigner für deren Umsetzung zu gewinnen. Beseelt in dem Glauben, gemeinsam mit den Kollegen eine hervorragende Strategie entwickelt zu haben, blendet die *déformation professionnelle* jedoch gerade diese Tatsache aus. Denn sie gaukelt eine universelle Logik und Rationalität vor, die es freilich nicht gibt. In der Folge wird die Strategie meist sich selbst überlassen. Kommuniziert oder erklärt wird, wenn überhaupt, eher halbherzig und immer in dem Glauben, die Vorteile der Strategie seien für jeden ersichtlich.

Nicht selten ist die Verwunderung groß, wenn CEOs vor Situationen gestellt werden, die eben diese universale Rationalität infrage stellen. Und nicht selten fällt es diesen dann schwer, Verständnis für die Positionen anderer zu zeigen oder Verständnis für die eigene Sicht zu generieren. Es fehlt schlicht das Bewusstsein oder die Sprache, um solchen Situation konstruktiv zu begegnen.

Wie sich dies in der Praxis auswirken kann, zeigt das Beispiel Josef Ackermann. So fiel es dem ehemaligen Vorstandsvorsitzenden der Deutschen Bank zu Beginn der Krise in einem Interview mit der *Zeit* sichtlich schwer, die von der Öffentlichkeit stark kritisierte Entlohnungspolitik der Investmentbanken zu verteidigen. Angesprochen auf die Frage, ob er sein damaliges zweistelliges Millionengehalt auch wirklich »verdiene«, entgegnete dieser, dass sein »Gewicht« und seine Reputation im internationalen Vergleich mit Vorstandskollegen auch daran gemessen werden, wie viel er verdiene. Auf die ungläubige Nachfrage des Journalisten, ob dies denn wirklich so sein könne, antwortete Ackermann:

»Absolut. Als ich zur Deutschen Bank kam, hatte ich zwei Millionen Mark. Wenn ich heute ein vergleichbares Gehalt hätte, würde ich jeden Respekt verlieren. Man würde sagen: ‚Der hat keinen Marktwert.‹ Das

hat uns damals auch bewogen, die Gehaltsstrukturen zu ändern. Aber natürlich ist das aus der Logik einer Welt gesprochen, die nicht öffentlich darstellbar ist, das ist mir auch klar.«[154]

Wenn Ackermann von einer Logik spricht, die lediglich für seinesgleichen ersichtlich und verständlich, jedoch keinesfalls öffentlich darstellbar ist, dann trennt er bewusst zwischen »denen« und »uns«. Es scheint ihm »klar« zu sein, dass man seine Logik in der breiten Öffentlichkeit nicht teilt. Aber weil ihm die Sprache und das Verständnis für die Öffentlichkeit fehlten, kapituliert er vor dem einzigen Instrument, das geeignet wäre, Kritiken zu entschärfen und Verständnis für die eigenen Positionen aufzubauen: dem Dialog.

Als oberste Repräsentanten und Erschaffer ihrer Strategien können sich Vorstandsvorsitzende ein solches, der Öffentlichkeit abgewendetes Verhalten kaum mehr erlauben. Die Umsetzung anzuordnen oder gar zu befehlen, wird der Unternehmensrealität heute nicht mehr gerecht.[155] Auch reicht es nicht mehr aus, die Beschlüsse und Eckdaten einer Strategie einfach nur mitzuteilen. Wer Unterstützung oder zumindest Akzeptanz generieren will, der muss wissen, was die eigenen Stakeholder bewegt, was sie denken und wie sie die Welt sehen. Kurzum: Wer mit einer *gemeinsamen*, zieldienlichen Wirklichkeit, wie sie insbesondere durch die Strategie dargestellt wird, um Unterstützung oder Akzeptanz werben will, der muss zunächst die Wirklichkeiten zumindest jener Anspruchsgruppen verstehen, die man für die Umsetzung der Strategie zu gewinnen versucht. Wo liegen die Unterschiede, wo die Gemeinsamkeiten? Wo liegen ihre Prioritäten, und wie kann es gelingen, gemeinsame Interessen zu definieren? Schon früh im Prozess der Strategiedefinition und keineswegs erst im Rahmen deren Verkündung gilt es, Antworten auf diese Fragen zu finden. Denn für die Umsetzung gilt, was in der US-Politik schon lange gilt: Machbar ist nur, was auch vermittelbar ist. Häufig scheitert die Umsetzung, weil die eigene Zielsetzung auf einer Weltsicht beruht, die der Zielgruppe fremd ist. Eine zumindest aktive Unterstützung ist in diesem Fall ebenso wenig zu erwarten wie in dem Fall, dass die Zielsetzung der Anspruchsgruppe unattraktiv erscheint, zum Beispiel weil die Prioritätensetzung eine andere ist.

Auch hier kann der CEO-Navigator hilfreich sein. Denn die Definition der eigenen Rolle setzt bereits eine Auseinandersetzung mit den Wirklichkeiten unterschiedlichster Stakeholder voraus. Er entschärft die *déformation professionnelle* und schärft das Bewusstsein für die Belange, Prioritäten und Erwartungen der Anspruchsgruppen. Und er macht deutlich, dass nicht alles, was einem selbst möglich oder machbar erscheint, auch gleichsam mit der Öffentlichkeit quasi mitschwingt.

»Wir wissen sehr genau, dass unsere Unternehmensstrategien ohne Öffentlichkeit und deren Zustimmung kaum erfolgreich durchgesetzt und praktiziert werden können«, schrieb bereits 1989 kein anderer als Ackermanns Vorgänger im Amt des Vorstandssprechers der Deutschen Bank, Alfred Herrhausen.[156] Wer die eigene *déformation professionnelle* bereits früh hinterfragt und Strategien im Bewusstsein für die Wirklichkeiten der relevanten Stakeholdergruppen entwirft, dem wird es ungleich leichter fallen, den kategorischen Imperativ in Herrhausens Aussage zu verstehen.

Die Rolle und die erfolgreiche Umsetzung

Zu wissen, was die Erwartungen der relevanten Stakeholder motiviert, und auf dieser Basis Strategien zu entwerfen ist also zweifelsohne wichtig, garantiert jedoch noch keine Umsetzung. Doch gerade diese ist es, an der sowohl die Reputation des CEOs gemessen als auch der Erfolg des Unternehmens bewertet werden.[157]

So kam eine im November 2011 veröffentlichte Studie, in deren Rahmen Kapitalmarktteilnehmer nach ihren Kriterien für die Bewertung und Beurteilung von Vorstandsvorsitzenden befragt worden waren, zu einem eindeutigen Ergebnis: Kein anderer Faktor bestimmt die Meinungsbildung der Investoren und Analysten mehr als die bisherige Bilanz der CEOs, die eigenen Pläne und Strategien auch in die Tat umzusetzen. »The prior track record follows the executive to his/her new company and is far and away the most important factor for investors' assessment of the new CEO.«[158] Einmal im Amt, setzt sich dieser starke Fokus auf die Umsetzung fort. 80 Prozent aller befragten Teilnehmer gaben an, dass sie die Effektivität eines CEOs an seiner Fähigkeit messen, Strategien umzusetzen. Die finanzielle Performance oder der Aktienkurs tragen hingen nur 9 Prozent beziehungsweise 3 Prozent zur Bewertung bei.[159]

Entscheidend ist also die Fähigkeit, den eigenen Worten auch Taten folgen zu lassen. *Walk the talk* heißt dies im Wirtschaftsdenglisch. Doch scheinbar gelingt dies nicht jedem. So fanden die Managementexperten Ram Charan und Geoffrey Colvin heraus, dass in 70 Prozent der von ihnen untersuchten Fälle die mangelnde Umsetzung der Grund für ein Scheitern der CEOs sei:»It's bad execution. As simple as that: Not getting things done, […] not delivering on commitments.«[160]

Auch wenn die Gründe für ein solches Scheitern zahlreich sein mögen, nicht wenige haben ihren Ursprung im mangelnden Verständnis für die Dynamik und Wirkungsweise der Kommunikation. Wir haben es bereits angedeutet: Mehr denn je ist es die Fähigkeit, effektiv zu kommunizieren, die die große Zahl an Topmanagern mit brillanten Ideen von jenen unterscheidet, die in der Lage ist, diese auch umzusetzen.

Ebenso wie eine schlechte, einseitige Kommunikation Spielräume verengt und Risiken birgt, eröffnet ein erweitertes, ganzheitliches Verständnis für die Kommunikation zahlreiche Möglichkeiten, von denen eine zielgerichtete Umsetzung der eigenen Strategie sicher nur eine ist.

Bevor wir diesen Gedanken und seine Bedeutung für den Erfolg der Umsetzung auf der einen und die Möglichkeiten des CEO-Navigators auf der anderen Seite darlegen, gilt es, zunächst ein wenig mehr über das Wesen der Kommunikation zu erfahren. Inwiefern ist diese für eine erfolgreiche Umsetzung unersetzlich? Und inwiefern eröffnet sie Handlungs- und Gestaltungsspielräume?

Kommunikation schafft Wirklichkeiten

Der langjährige Vorstandsvorsitzende des amerikanischen Traditionsunternehmens Herman Miller, Max De Pree, schrieb 1983, dass es die erste und wichtigste Aufgabe des CEOs sei, im Bewusstsein für sein Umfeld Wirklichkeiten zu schaffen und diese anschließend zu erklären.[161] Der Grund klingt einfach: Wer Kooperation bewirken will, muss dafür sorgen, dass sich all jene, die für die Umsetzung notwendig sind, in der Strategie wiederfinden und idealerweise ihre Rollen erkennen. Nur so könne man Widerstände abbauen und Unterstützung erfahren. »Change comes about when followers themselves desire it and seek it«, ergänzt der Wirtschaftswissenschaftler James O'Toole.[162]

Diese Feststellung ist heute aktueller denn je. Denn je dynamischer, unvorhersehbarer und komplexer das Umfeld ist, desto mehr zeichnet sich gute Führung durch ihre Fähigkeit aus, erstrebenswerte Visionen und Strategien – kurz: Wirklichkeiten – im Bewusstsein aller Betroffenen formulieren zu können. Wie wir bereits gesehen haben, schafft dies nicht nur Orientierung und Sicherheit. Vielmehr kann durch ein solches Vorgehen auch Akzeptanz oder gar Unterstützung generiert werden: »Among the challenges in this context is the need to reduce complexity and uncertainty for people and provide a desirable picture of the future, which is shared by all people they lead. Leaders need to have a sense of purpose and a guiding vision, which helps bundle individual and »organizational energy« and navigate the firm through uneven and sometimes murky waters.«[163]

Nun mag es für viele Manager bereits etwas merkwürdig klingen, von der Existenz unterschiedlicher Wirklichkeiten zu sprechen. Wie kann es da erst gelingen, solche Wirklichkeiten zu erschaffen? So weltfremd oder vielleicht gar esoterisch dies klingen mag, in der Tat handelt es sich dabei um etwas sehr Profanes, Alltägliches. Denn wer Strategien am grünen Tisch entwickelt und diese anschließend proklamiert, der hat bereits eine bewusste Entscheidung über das Umfeld und die Zukunft getroffen. Es sind die Annahmen, Erwartungen oder auch Prognosen, die ein bestimmtes Weltbild skizzieren, das so sein kann, aber nicht unbedingt so sein muss. In diesem Sinne schafft jede Aussage des CEOs über Zielbilder, strategische Wegmarken oder den Status quo bereits Wirklichkeiten. Gelingt es anschließend, die Strategie nicht nur in der Sprache der jeweiligen Akteure, sondern auch im Verständnis für deren Wirklichkeiten zu formulieren und dies bei der Definition des eigenen Kontextes zu berücksichtigen, dann kann es auch gelingen, weitere grundlegende Bedürfnisse der Akteure anzusprechen.

Was bedeutet dies nun konkret? Ist die Kommunikation umso wirkungsvoller, je mehr es mir gelingt, die Grundbedürfnisse meiner Zielgruppen anzusprechen – wie kann ich wissen, was ihre Grundbedürfnisse sind? Was motiviert meine Anspruchsgruppen und ihren Erwartungen? Und wie kann es auf dieser Basis gelingen, möglichst ziel- und zweckdienlich zu kommunizieren?

Kommunikation auf Basis der Motivkarte

Zunächst zu den Erwartungen und Grundbedürfnissen der jeweiligen Zielgruppen. Sind Erwartungen erst einmal formuliert, sind sie nicht nur das Ergebnis eines vorhergehenden Denkprozesses, sondern vielmehr auch Ausdruck eines tieferliegenden Selbstverständnisses. Selbst wenn man auf alle inhaltlichen Erwartungen und Forderungen eingehen könnte, ist immer die Frage nach der Motivation, die bestimmten Erwartungen zugrunde liegt, interessanter.

Um diesen Gedanken zu veranschaulichen, lohnt sich ein Blick auf die Erkenntnisse der Psychologie und hier insbesondere auf das Züricher Modell des Psychologen Norbert Bischof. Jeder Mensch, so Bischof, werde in seinem Leben von drei Grundmotiven geleitet: Sicherheit, Erregung und Autonomie. Alle drei Grundmotive sind bei uns Menschen gleichermaßen angelegt, jedoch bei jedem Menschen unterschiedlich ausgeprägt. Der eine sucht eher die Beständigkeit und ist traditions- oder auch heimatbewusst *(Sicherheit)*. Der andere hingegen sucht die Aufregung, strebt ständig nach Neuem und ist innovativ *(Erregung)*. Und der dritte im Bunde sucht die Überlegenheit, den Erfolg und das Siegesgefühl *(Autonomie)*. Der Psychologe und Unternehmensberater Hans-Georg Häusel griff diese Erkenntnisse auf und stellte sie bildlich in seiner »Limbic Map« oder Motivkarte dar (siehe Abbildung 10).[164]

Das Entscheidende: Ist Ihr Grundmotiv eher jenes der Sicherheit – Häusel spricht von Balance –, dann bedeutet dies, dass Sie alles, was Sicherheit, Fürsorge et cetera verspricht, suchen, während Sie alles, was

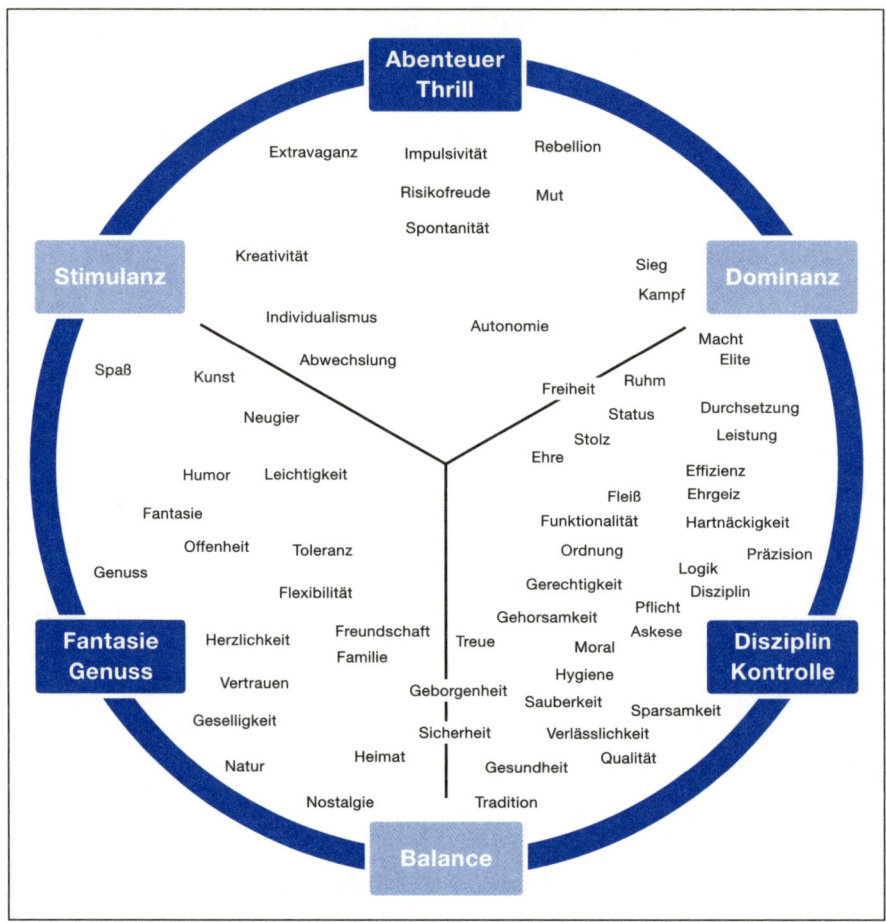

Sie mit Unsicherheit, Isolation, Ungewissheit oder Risiko verbinden, meiden. Darüber hinaus wird jemand, dessen Grundmotiv Dominanz oder Autonomie ist, ein und denselben Umstand anders werten als jemand mit einem starken Sicherheitsbedürfnis. Hans-Georg Häusel verdeutlicht dies an einem Beispiel aus der Produktion. So wird der Geschäftsführer bei der Anschaffung einer neuen Maschine wissen wollen, inwiefern diese das Unternehmen stärkt. Der Einkaufsleiter wird eher an einem guten Preis-/Leistungsverhältnis interessiert sein, während der Produktionsleiter in erster Linie Sicherheitsfragen für relevant halten wird.[165]

Hier wird die Nähe zur *déformation professionnelle* deutlich. Denn nicht selten werden bereits die Berufswahl und somit auch die Entscheidung für einen bestimmten Ausbildungsweg stark durch die von Häusel benannten Grundmotive beeinflusst. So sind Künstler eher durch das Erregungsmotiv motiviert, während zum Beispiel Controller oder auch Beamte eher durch das Sicherheitsmotiv motiviert werden. Spitzenmanagern hingegen würde man zumindest in der Psychologie wohl eher das Autonomiemotiv unterstellen.

Zwar haben auch die oben genannten Erkenntnisse weitgehend Modellcharakter, das heißt, sie sind kaum in der Lage, die Realität vollständig und allumfassend abzubilden.[166] Für den Erfolg der eigenen Kommunikation sind solche grundsätzlichen Überlegungen über die Grundmotive der Zielgruppen jedoch von unschätzbarem Wert. Denn ist es nun möglich, die grundlegenden Bedürfnisse der Zielgruppen darzustellen, so ist es ebenfalls möglich, deren Kehrseite zu identifizieren. Wer zum Beispiel Sicherheit und Geborgenheit sucht, der wird die Unsicherheit meiden. Wer sich hingegen nach Funktionalität, Effizienz und Disziplin sehnt, der wird Abwechslung und Spontaneität in aller Regel ablehnen.

Ähnlich stellt sich dies mit den Erwartungen an die Person des Vorstandsvorsitzenden dar. Anspruchsgruppen, denen Beständigkeit und Sicherheit wichtig sind, werden andere Erwartungen an ihre Rolle als CEO knüpfen als solche Zielgruppen, die in erster Linie an Veränderung und Risikofreude interessiert sind. Schließlich sind auch Rollenerwartungen nichts anderes als Ausdruck eines tieferliegenden Selbstverständnisses. Kämpfen Betriebsräte immer auch für die Sicherung von Arbeitsplätzen, sehen sie den CEO eher in der Rolle des Bewahrers, weniger jedoch in der Rolle eines Change Agents.

Wie genau die eigene Kommunikation von einer solchen Auseinandersetzung mit den Grundmotiven, Bedürfnissen, Erwartungen – kurzum: Wirklichkeiten – der Zielgruppen profitieren kann, wollen wir im Folgenden etwas konkreter darlegen.

Bereits in Kapitel 3 haben wir das Beispiel der Synergien bemüht.[167] Vor dem Hintergrund der bisherigen Ausführungen greifen wir dieses Beispiel wieder auf und konzentrieren uns einen Augenblick auf die

Motivlage des Managements. Nehmen wir an, das Unternehmen bewegt sich in einem zunehmend gesättigten Heimatmarkt und sieht sich einem steigenden Kostendruck ausgesetzt. Um neue Absatzmärkte insbesondere im Ausland zu erschließen und den Kostendruck zu mindern, beschließt das Management die Fusion mit einem Wettbewerber. Gemeinsam, so die Lesart, könne man beiden Herausforderungen besser begegnen und auch zukünftig wachsen. Als ein mögliches Mittel, um in einer solchen Konstellation Kosten zu senken, wird die Hebung von Synergien angekündigt. Ohne nun weiter in Details einsteigen zu wollen, ist es ein sehr wahrscheinliches Szenario, dass der Analyst, der eine Transaktion aus finanzwirtschaftlichen Gesichtspunkten zu bewerten hat, das Wort Synergien demnach eher positiv, Betriebsräte hingegen eher skeptisch bewerten würden. Die Vorteile einer solch begründeten Transaktion mögen auf der Hand liegen, die Wachstumsstory mag intakt sein. Und dennoch wird die Logik einer solchen Transaktion bei all jenen, deren Grundbedürfnis nach Sicherheit und Beständigkeit durch den möglichen, durch das Wort Synergien umschriebenen, Arbeitsplatzabbau gefährdet wird, kaum auf eine ähnliche Begeisterung stoßen.

Dies bedeutet nicht, dass eine Verständigung nicht darstellbar ist. Auch werden wir noch sehen, dass es auch in vermeintlich festgefahrenen Situationen durchaus möglich ist, zumindest Akzeptanz zu generieren. Eine Kommunikation hingegen, die sich pauschal auf die Fakten oder abstrakten Vorteile einer Transaktion fokussiert und dabei die verschiedenen Grundbedürfnisse der unterschiedlichen Zielgruppen außer Acht lässt, wird nur bedingt ans Ziel führen.

Selbst vermeintlich einfache Nachrichten bilden bereits eine komplexe Wirklichkeit ab und sind keinesfalls so klar und deutlich, wie man beizeiten denkt. Hat eine Geschichte viele Facetten, liegt die Kunst darin, immer genau jene Facette zu betonen, die mit den Zielgruppen am besten resoniert. Dabei geht es keineswegs darum, allen das zu erzählen, was diese gerade hören wollen. Sondern vielmehr Zusammenhänge und Motive ein und derselben Geschichte aufzuzeigen, die für die jeweiligen Adressaten am sinnvollsten und wichtigsten sind. Um bei dem oben genannten Beispiel zu bleiben: Um auch weiterhin wettbewerbsfähig bleiben zu können, wird man um Kostensenkungsmaßnahmen kaum herumkommen. Dies kann zum Beispiel den Abbau von Arbeitsplätzen, aber auch die Zusammenlegung der IT oder einer gemeinsamen Forschung bedeuten. Wer es dabei belässt, gegenüber Betriebsräten oder Mitarbeitern solche Fakten einfach nur mitzuteilen, der wird mit Widerstand rechnen können. Wem es jedoch gelingt, deren Bedürfnis nach Sicherheit und Berechenbarkeit ernst zu nehmen und Zusammenhänge aufzuzeigen, die deutlich machen, dass ein solcher Schritt langfristig Arbeitsplätze sichern oder gar neue schaffen kann, der wird zumindest darauf hoffen können, die Rahmenbedingungen für die folgenden Verhandlungen in seinem Sinne und im »guten Geiste« setzen zu können.

In der Realität geschieht dies jedoch nicht immer. Noch zu häufig wird darauf vertraut, dass die Nachricht *per se* überzeugt, insbesondere dann, wenn man sie mit entsprechend wohlklingenden Adjektiven und Attributen verpackt. Und so bleibt es häufig bei generellen Aussagen, die sich an alle Anspruchsgruppen gleichermaßen richten. In dem oben beschriebenen Szenario könnte eine solche Aussage zum Beispiel wie folgt lauten:

»Die geplante Fusion stellt eine klare Win-Win-Situation dar. Denn sie ermöglicht es den Unternehmen XY und XZ, erhebliche Kostensynergien zu realisieren und attraktive Zukunftsmärkte zu erschließen.«

Eine solche Botschaft mag die positive Einschätzung des Managements wiedergeben. Auch schafft sie einen – wenn auch sehr abstrakten – Kontext für die Transaktion. Den Ansprüchen einer ziel- und zweckgerichteten Kommunikation, die in diesem Fall zum Beispiel um die Unterstützung oder Akzeptanz der Stakeholder wirbt, wird diese Aussage jedoch nicht gerecht.

Soll dies gelingen, gilt es, die Motivation der jeweiligen Stakeholder ebenso zu hinterfragen wie die Rollenerwartungen, die diese an den CEO haben. Was bewegt die jeweilige Anspruchsgruppe? Welche Erwartungen haben sie an den CEO? Was ist ihnen wichtig? Gibt es Facetten der Transaktion, die für diese Zielgruppe erstrebenswert erscheinen? Ziel sollte es sein, auf Basis solcher Fragen gemeinsame Interessenlagen zu identifizieren, mittelbare und unmittelbare Vorteile aufzuzeigen und diese in einer konsequent an den Bedürfnissen der Zielgruppen ausgerichteten Kommunikation zu betonen. Ein solches Vorgehen schafft nicht nur einen direkten Bezug zur Transaktion. Vielmehr baut sie Widerstände ab, verringert die Interpretationsfähigkeit meist vager Aussagen und sichert die Deutungshoheit über die eigene Kommunikation.

In diesem Fall könnte dies wie folgt aussehen:

Betriebsrat – Sicherheitsmotiv – Rollenerwartung: Bewahrer
»Gemeinsam bewahren wir in einem zunehmenden aggressiven Wettbewerbsumfeld die Tradition zweier großer Unternehmen. Durch den Zusammenschluss werden die Zukunft des Standorts XY gesichert und langfristig neue Arbeitsplätze geschaffen.«

Analyst – Erregungsmotiv – Rollenerwartung: Change Agent
»Die Fusion ermöglicht nicht zuletzt die Bündelung und Stärkung unserer Expertise und Finanzkraft, um gemeinsam neue Absatzmärkte in Asien erschließen und somit von den herausragenden Wachstumstrends, zum Beispiel in Indien und China, profitieren können.«

Führungskräfte – Autonomiemotiv – Rollenerwartung: Stratege/Visionär
»Durch die Fusion kommen wir unserem Ziel näher, weltweiter Marktführer im Bereich XY zu werden, und nutzen konsequent die sich bietende Chance, unseren Wettbewerbsvorsprung weiter auszubauen.«

Natürlich handelt es sich bei dem erwähnten Beispiel um ein stark vereinfachtes. In der Realität wird der Erfolg der Kommunikation von einer Reihe weiterer Faktoren abhängen.[168] Dennoch zeigt das Beispiel, dass eine effektive Kommunikation mit den eigenen Anspruchsgruppen immer dann besonders gut funktioniert, wenn sie erstens im Bewusstsein für die Grundmotive und Beweggründe dieser Gruppen entworfen wurde und zweitens erstrebenswerte und zieldienliche Wirklichkeiten zur Verfügung stellt. Letzteres kann, wie wir gesehen haben, dadurch gewährleistet werden, dass man gemeinsame Interessen betont oder jene Facetten der Unternehmensgeschichte (*Equity Story*) unterstreicht, die sich am besten mit den Anspruchsgruppen decken.

Der Inhalt einer Botschaft allein gewährleistet jedoch noch keinen Erfolg. Denn neben dem Inhalt ist vor allem auch die Art und Weise der Kommunikation entscheidend. Wie es gelingen kann, beides – die Schaffung eines solchen Kontextes wie auch seine zielgruppengerechte Vermittlung – zu erreichen, zeigt die Methode des *Storytelling*.

Die Macht des Storytellings

Die Vorteile des *Storytellings* liegen auf der Hand. Erzählen Sie eine Geschichte, dann schaffen Sie automatisch einen Kontext. Darüber hinaus appellieren Sie nicht nur an die Vernunft, sondern regen vielmehr auch die Vorstellungskraft Ihrer Zuhörer an. Dies sichert Aufmerksamkeit; denn nichts lieben wir Menschen mehr, als Geschichten zu hören, wie der Trend zur Personalisierung zeigt.

Wie einfach es sein kann, effektiv über Geschichten zu kommunizieren, zeigt das folgende Beispiel:

Warren Buffett, legendärer Chairman und CEO von Berkshire Hathaway, ist ein großer Freund des Geschichtenerzählens. So findet sich im 1995er Jahresbericht seiner Investmentfirma Berkshire Hathaway zum Beispiel folgender Absatz über Übernahmen und Fusionen, in dem er und sein Vize Charles T. Munger darlegen, warum sie den Projektionen und Zahlen der Investmentbanker keinen Glauben schenken:

»In any case, why potential buyers even look at projections prepared by sellers baffles me. Charlie and I never give them a glance, but instead keep in mind the story of the man with an ailing horse. Visiting the vet, he said: ›Can you help me? Sometimes my horse walks just fine and sometimes he limps.‹ The vet's reply was pointed: ›No problem when he's walking fine, sell him.‹ In the world of mergers and acquisitions, that horse would be peddled as Secretariat.«[169]

Geschichten, und seien es auch nur solch kurze Anekdoten, transportieren somit weit mehr als jede andere Form der Kommunikation: »[They] convey the norms, values, attitudes, and behaviors [...] probably more fully – with more rounded context – than any other kind of communication«, schreiben die beiden Managementexperten Don Cohen und Laurence Prusak.[170]

Und Geschichten erzeugen eine Bindung, eine Beziehung, zwischen dem Erzähler und den Adressaten. Auch wenn Buffetts Geschichte nur zu lesen ist, es scheint fast so zu sein, als befände man sich in einem Dialog mit den Verfassern. Dies stärke die Verbindung und sichere die Bereitschaft zuzuhören, schreibt auch der Harvard-Professor und Psychologe Howard Gardner in seinem Buch *Extraordinary Minds*: »[Leaders] make [a] common bond with their followers; by describing goals they seek in common, obstacles that lie in the way, measures for dealing with these obstacles, milestones along the way, and promise that the desired utopia can eventually be achieved.«[171]

Nirgendwo sonst wird die Fähigkeit, Geschichten erzählen zu können, wichtiger als im Dialog mit den Medien. Wer sie erzählt, der spricht nicht nur die Sprache der Medien. Vielmehr schafft er Wirklichkeiten, bevor es andere für ihn tun. Können alleine reiche nicht mehr aus, um sich Aufmerksamkeit sichern und die eigene Reputation steigern zu können, schrieb im November 2011 das *Handelsblatt*: »Wer eine gute Geschichte vorweist, sie aber nicht erzählen kann, geht unter«, urteilten die Autoren Catrin Bialek und Claudia Schumacher.[172]

Doch wie verfährt man, wenn man sich bereits zahlreichen Vorurteilen oder gar einer breiten Ablehnungsfront gegenübersieht?

The Gentle Art of Reframing

Wenn es möglich ist, Wirklichkeiten zu schaffen, dann liegt es nahe, dass man diese auch verändern oder umdeuten kann. Wenn wir zum Beispiel jemanden mit etwas konfrontieren, und dieser versichert, »er habe dies noch nicht so gesehen«, dann ersetzen wir seine Deutung einer Situation durch unsere. Es gibt also viele Wirklichkeiten, meist in Gestalt von Deutungen oder Interpretationen, die miteinander konkurrieren. Wie man effektiv mit diesen umgehen kann, zeigt die Kraft der Umdeutung.

Erinnern Sie sich noch an die Erzählung *Die Abenteuer des Tom Sawyer* des amerikanischen Schriftstellers Mark Twain? Erzählt wird dort die Geschichte des Tom Sawyer, ein Lausbube durch und durch, der so manch ein Abenteuer erlebt und sich insbesondere durch seine Spitzfindigkeit und Klugheit auszeichnet. Eines Tages ereignet es sich, dass Tom als Bestrafung für eine Rauferei den Zaun seiner Tante Polly streichen muss. Nicht nur für Tom, sondern auch für jeden anderen war klar: An einem Samstag, und dazu noch bei bestem Wetter, das musste eine Strafarbeit sein. Doch Tom wusste sich zu helfen, wie die folgende Passage zeigen soll:

Ben sagte: »Hallo, alter Bursche, Strafarbeit, was?«

»Ach, bist du's, Ben. Ich hatte dich nicht bemerkt.«

»Weißt, ich geh' grad zum Schwimmen. Würdest du gern mitgehen können? Aber, natürlich, bleibst du lieber bei deiner Arbeit, nicht?«

Tom schaute den Burschen erstaunt an und sagte: »Was nennst du *Arbeit*?«

»Na, ist das denn *keine* Arbeit?«

Tom betrachtete seine Malerei und sagte nachlässig: »Na, vielleicht *ist* das Arbeit, oder es *ist keine* Arbeit, jedenfalls macht es Tom Sawyer Spaß.«

»Na, na, du willst doch nicht wirklich sagen, dass dir das da Spaß macht!?«

Der Pinsel strich und strich.

»Spaß? Warum soll's denn *kein* Spaß sein? Kannst *du* vielleicht jeden Tag einen Zaun anstreichen?«

Ben erschien die Sache plötzlich in anderem Lichte. Er hörte auf, an seinem Apfel zu knuppern. Tom fuhr mit seinem Pinsel bedächtig hin und her, hin und her, hielt an, um sich von der Wirkung zu überzeugen, half hier und da ein bisschen nach, prüfte wieder, während Ben immer aufmerksamer wurde, immer interessierter. Plötzlich sagte er: »Du, Tom, lass mich ein bisschen streichen!«[173]

Was war geschehen? Wie konnte es Tom gelingen, Ben zu genau jener Arbeit zu bewegen, die er zuvor noch abfällig kommentiert hatte?

Tom bediente sich der kommunikativen Kraft der Umdeutung. Der Begriff der Umdeutung, oder auch Referenztransformation, stammt ursprünglich aus der Systemischen Familientherapie und wurde erstmals von der bedeutenden Psychotherapeutin Virginia Satir als *Reframing* geprägt.

Es mag uns nicht bewusst sein, aber wir begegnen oder bedienen uns der Umdeutung fast täglich. Wenn zum Beispiel Geschirr zu Bruch geht, dann kommentieren wir dies häufig mit der Aussage »Scherben bringen Glück«. Auch hier deuten wir eine eher negative Ausgangssituation – den Verlust des zerbrochenen Geschirrs – um und lassen sie in einem positiveren Licht erscheinen – der Verlust bedeutet Glück.

Eine Umdeutung findet aber auch statt, wenn der Optimist dem Pessimist erläutert, dass das Glas keineswegs halb leer, sondern halb voll sei. Auch hier sind das Glas sowie sein Inhalt immer noch dasselbe, durch die Umdeutung ändert sich jedoch die Bedeutung, der Sinn

»To reframe, then, means to change the conceptual and/or emotional setting or viewpoint in relation to which a situation is experienced and to place it in another frame which fits the ›facts‹ of the same concrete situation equally well or even better, and thereby changes its entire meaning«, schreiben die Soziologen Paul Watzlawick, John Weakland und Richard Fisch in ihrem Buch *Change*.[174]

Über die Notwendigkeit, neben dem Inhalt der Strategie auch den Kontext zur Verfügung zu stellen, haben wir bereits gesprochen. Der Kontext sollte sich jedoch keineswegs auf eine Darlegung rationaler Fakten beschränken. Er sollte sich vielmehr auch der Kunst der Umdeutung bedienen, um den Anspruchsgruppen eine Wirklichkeit darzulegen, die diesen nicht nur sinnvoll, sondern besser als ihre eigene erscheint. Wer es dabei versteht, die Vorstellungskraft seiner Zuhörer anzuregen, der ist entscheidend im Vorteil. »Ein Steinhaufen hört auf, ein Steinhaufen zu sein, sobald ein einziger Mensch ihn betrachtet, der das Bild einer Kathedrale in sich trägt«, schrieb einst der französische Schriftsteller Antoine de Saint-Exupéry. Als Meister der Umdeutung verstand es de Saint-Exupéry, etwas banalem – dem Steinhaufen – eine vollkommen neue Bedeutung zu verleihen. Denken Sie daran, dass wir Menschen nur selten unsere Meinung ändern, sobald wir uns einmal festgelegt haben. Wer dies ändern will, der muss überzeugen. Und kaum eine Form der Kommunikation ist überzeugender als die Kunst der Umdeutung – selbst dann, wenn man sich vermeintlich festgefahrenen Meinungen gegenübersieht, wie das folgende Beispiel zeigt:

> Zu Zeiten des US-amerikanischen Bürgerkriegs sah sich der damalige Präsident Abraham Lincoln zahlreichen Kritikern aus den eigenen Reihen, die ein noch schärferes Vorgehen gegen seine Gegner forderten. Noch heute erzählt man sich, wie dieser eines Tages von einer älteren Dame aufgefordert wurde, er solle doch seine Gegner vernichten. Lincolns Antwort: »Ist dies nicht genau das, was ich tue, wenn ich diese zu meinen Freunden mache?«[175]

Kommunikation ist auch Beziehungsarbeit

Sei es die Kunst der Umdeutung oder jene des Storytellings: Jegliche Kommunikation droht ihre Kraft zu verlieren, solange sie sich nur über den Inhalt definiert. Denn Kommunikation ist weit mehr als nur das *Was?*. Auch das *Wie?*, also die Art und Weise der Vermittlung, entscheidet über den Erfolg der Kommunikation.

So unterscheidet Paul Watzlawick bewusst zwischen einem Inhalts- und einem Beziehungsaspekt der Kommunikation, um deutlich zu machen, dass Kommunikationspartner unabhängig vom Inhalt ihrer Nachricht auch immer gleich mitteilen, was sie meinen und wie sie dazu stehen: »Wenn man untersucht, was jede Mitteilung enthält, so erweist sich ihr Inhalt vor allem als Information. Dabei ist es gleichgültig, ob diese Information wahr oder falsch, gültig oder ungültig oder unentscheidbar ist. Gleichzeitig aber enthält jede Mitteilung einen weiteren Aspekt, der viel weniger augenfällig, doch ebenso wichtig ist – nämlich einen Hinweis darauf, wie ihr Sender sie vom Empfänger verstanden haben möchte. Sie definiert also, wie der Sender die Beziehung zwischen sich und dem Empfänger sieht, und ist in diesem Sinne seine persönliche Stellungnahme zum anderen.«[176]

Kommunikation ist demnach vielschichtiger als beizeiten angenommen. Um die ungefähren Proportionen zwischen Inhalts- und Beziehungsaspekt der Kommunikation zu verdeutlichen, ist es hilfreich, sich einen Eisberg vorzustellen. Meist befindet sich der weitaus größte Teil eines Eisberges – rund vier Fünftel – unter der Wasseroberfläche. Lediglich ein Fünftel ragt als sichtbarer Teil aus dem Wasser heraus. Der Inhaltsaspekt Ihrer Nachricht ist der sichtbare, der Beziehungsaspekt der unsichtbare Teil Ihrer Kommunikation.

Dieses Eisbergmodell geht zurück auf die Theorien des Psychoanalytikers Sigmund Freud, der die Persönlichkeit eines Menschen ebenfalls mit einem Eisberg verglich.[177] Nach Freud verkörpert die Spitze des Eisberges unser rationales, bewusstes Handeln und Denken – oder die *hard facts* in der Sprache der Wirtschaft. Der weitaus größte Teil unter Wasser jedoch bilde unser Unterbewusstsein mit seinen Ängsten, Instinkten, Beziehungen, und so weiter – im Wirtschaftsleben auch *soft facts* genannt.

Entsprechend der Proportionen habe das Unterbewusstsein – also das, was wir nicht sehen – einen enormen Einfluss auf unser rationales Handeln.

Ähnlich verhält es sich mit der Kommunikation. Reduziert man die Kommunikation auf den reinen Datentransfer, läuft man Gefahr, missverstanden zu werden oder gar auf Unverständnis zu stoßen. In Zeiten, in denen die Effektivität jedoch mehr denn je von der Fähigkeit abhängt, überzeugen zu können, kommt dieser Erkenntnis eine enorme Bedeutung zu: »Im Topmanagement scheitern mehr Menschen aus charakterlichen Gründen als auf den Ebenen darunter, da sie den vorgenannten ›soft skills‹ zu wenig Bedeutung beimessen«, schreibt der Managementexperte Rainer von Gehlen.[178]

Versteht man Führung also als »zieldienliche Einflussnahme« (von Rosenstiel), dann kann dies nur über Kommunikation, und hier insbesondere über deren Beziehungsaspekt, funktionieren: »Der Schlüssel zu einer effektiven Kommunikation ist die zwischenmenschliche Beziehung. [...] Wo ein hohes Maß an Vertrauen und Wohlwollen herrscht,

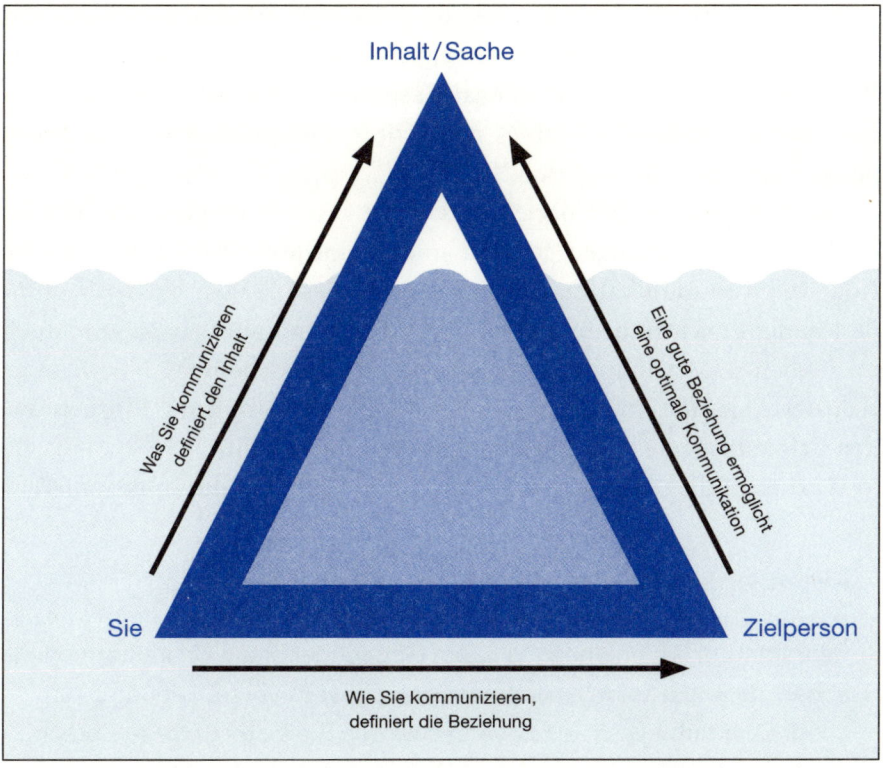

Inhalt/Sache

Was Sie kommunizieren
definiert den Inhalt

Eine gute Beziehung ermöglicht
eine optimale Kommunikation

Sie

Zielperson

Wie Sie kommunizieren,
definiert die Beziehung

müssen wir nicht jedes Wort auf die Goldwaage legen«, schreibt der Managementexperte Stephen Covey in seinem Buch über die effektive Führungspersönlichkeit.[179] Dass die Beziehung des CEOs zu seinen wichtigsten Anspruchsgruppen in ihrer Bedeutung zunimmt, ist grundsätzlich keine neue Erkenntnis. Anders als der von Alfred Rappaport geprägte Shareholder-Value-Ansatz, der die »einzige soziale Verantwortung des Wirtschaftens«[180] darin sah, den Aktienwert zu maximieren, lenkt zum Beispiel der Stakeholder-Value-Ansatz die Aufmerksamkeit des Topmanagements auf alle Gruppen, die eine strategische Beziehung zum Unternehmen unterhalten, seien es Zulieferer, Kunden, Analysten et cetera.

Wie etabliert diese Sicht mittlerweile ist, zeigt auch das vom Wirtschaftswissenschaftler Michael Porter entwickelte Konzept des Shared

Value. Dieser äußerst populären Idee liegt die Annahme zugrunde, dass Themen wie Nachhaltigkeit und gesellschaftliche Verantwortung, und somit auch die Vernetzung mit den eigenen Stakeholdern, keinesfalls nur Randaspekte der Corporate Social Responsibility (CSR) seien, sondern als integrale Bestandteile eines nachhaltig erfolgreichen Geschäftsmodells gewertet werden müssen.[181]

Keine Frage also: Der Beziehungsaspekt gewinnt an Gewicht. Wie jedoch solche Beziehungen geformt und beeinflusst werden und welche Rolle die Kommunikation dabei spielt, all diese Fragen bleiben zumindest in der Praxis unbeantwortet. Die Folge: Kommunikation wird auch im täglichen Miteinander noch häufig auf das scheinbar Notwendige reduziert. Sie hat einen mitteilenden Charakter – und ihr Einfluss auf den Erfolg beiderseitiger Beziehungen bleibt unerkannt.

Warum ist dies dennoch so relevant, und wie kann das funktionieren?

Stellen Sie sich vor, Sie sind in Verhandlungen mit einer Person, der Sie misstrauen. Das Verhältnis ist von gegenseitigem Unverständnis geprägt, und Sie erkennen in Ihrem Gegenüber einen Charaktermenschen, der dazu neigt, zu dogmatisieren, anstatt Verständigung zu suchen. Eher unbewusst als bewusst werden Sie sich auf diese Person einstellen. Die Ziele Ihres Gegenübers erscheinen Ihnen überzogen, gar irrational. Die Verhandlungen erweisen sich schnell als mühselig. Details gewinnen übermäßig an Bedeutung oder drohen gar die Verhandlungen ganz zum Scheitern zu bringen. Auch Sie werden dazu neigen, eine Tit-for-tat-Strategie anzuwenden und zu dogmatisieren. Die Verhandlungen fahren sich fest, man hat Mühe, sich anzunähern, und beschuldigt sein Gegenüber, unnachgiebig und verantwortungslos zu handeln.

Ein Beispiel, wie sich dies in der Realität auswirken kann, lieferte Bernhard Reutersberg, im EON-Vorstand zuständig für die Umsetzung des 2011 aufgelegten EON-2.0-Restrukturierungsprogramms. Dieses sah unter anderem den Wegfall von 40 bis 50 Prozent der rund 800 Arbeitsplätze in der Düsseldorfer Zentrale des Konzerns vor. Noch bevor es zur Abstimmung mit dem Betriebsrat kam, bezeichnete

Reutersberg eben jene 40–50 Prozent als »Ballast« und erregte prompt die Gemüter der Mitarbeiter. Dank dieses Affronts sei die Situation schon vor Beginn der Verhandlungen »verfahren« und »unlösbar«, schlussfolgerte denn auch das *manager magazin:* »Schnelle Reformen hätte es nur gegeben, wenn die Arbeitnehmer frühzeitig eingebunden worden wären. Nun dauert es länger und wird am Ende wohl deutlich teurer. Zum Zwecke der Gesichtswahrung werden die Funktionäre einen hohen Preis verlangen, in Form attraktiver Ausstiegsklauseln.«[182]

Es war nicht, wie man vermuten könnte, die Nachricht von der notwendigen Restrukturierung selber (das *Was?*), die Reutersbergs Schiff zum Sinken brachte. Es darf wohl kein Zweifel daran bestehen, dass sich Reutersberg der Inhaltsaspekte seiner Kommunikation bewusst war. Das Schiff sank, weil Reutersberg den unter Wasser liegenden Beziehungsaspekt unterschätzte. Die Erwähnung des Wortes »Ballast« musste bei den Arbeitnehmervertretern wie eine persönliche Stellungnahme Reutersberg ankommen. Durch die ungeschickte Wortwahl definierte dieser die Beziehung mit den Arbeitnehmern, noch bevor in der Sache überhaupt verhandelt wurde. Nicht mehr der Ausgleich, sondern die »Gesichtswahrung« wird zum Ziel. Verständigung wird unmöglich, mögliche kooperative Verhandlungen degenerieren zu Grabenkämpfen. Die ökonomische Dimension hat das *manager magazin* denn auch vollkommen richtig erfasst: »Zum Zwecke der Gesichtswahrung werden die Funktionäre einen hohen Preis verlangen, in Form attraktiver Ausstiegsklauseln.«[183]

Nun stellen Sie sich eine Verhandlung vor, in der Sie sich der Position sowie der Ziele Ihres Gegenübers bewusst sind. Sie erkennen den Handlungs- und Erwartungsdruck, der auf Ihrem Gegenüber lastet; und auch wenn Ihre Ziele vollkommen andere sind, erkennen Sie die Legitimität seiner Ansprüche an. Im Gespräch lassen Sie Ihren Verhandlungspartner wissen, dass Sie sich seiner Situation bewusst sind, und bringen diesem Wertschätzung und Respekt entgegen – Sie trennen bewusst zwischen Person und Sache. Anschließend verhelfen Sie Ihrem Gegenüber zu einem besseren Verständnis Ihrer Position sowie Ihrer Ziele. Die Situation entspannt sich. Auf der Suche nach gemeinsamen Positionen geht es nicht mehr um Details, sondern um das große Ganze. Das Ziel ist nicht mehr die Verfechtung der eigenen Sache, sondern der Ausgleich zwischen beiden Parteien. Kurzfristig mag man an Boden verlieren. Mittel- bis langfristig wirkt sich diese Fähigkeit zum Ausgleich und Verständigung jedoch positiv aus. Redliches Handeln und Integrität sichern Glaubwürdigkeit, bauen Vertrauen auf und schützen die Reputation. Verlieren dadurch Details an Bedeutung, wird Handlungsfreiheit gewonnen.

Beziehungen als soziales Kapital

In der Soziologie erkannte man bereits in den 1980er Jahren die eigenständige wirtschaftliche Bedeutung der zwischenmenschlichen Beziehung. Entsprechend könne man diese als soziales Kapital bezeichnen. In der genauen Definition variieren die Ansätze.

Für Ronald Burt verbindet soziales Kapital »friends, colleagues, and more general contacts through whom you receive opportunities to use your financial and human capital.«[184] Francis Fukuyama definiert Sozialkapital als »set of informal values or norms shared among members of a group that permits co-operation among them«[185], während Robert Putnam den Faktor der Reziproxität hervorhebt: »Social capital refers to connections among individuals, social networks and the norms of reciprocity and trustworthiness that arise from them.«[186]

Die Beziehungen zwischen einzelnen Menschen oder Gruppen als Kapital zu bezeichnen hat hierbei Methode und betont den immensen Einfluss, den Beziehungen auf das Verhalten von Menschen haben. Zunächst einmal verwundert diese Bezeichnung jedoch. Denn traditionell ist Kapital die Bezeichnung für eine Ressource, über die verfügt und die zur Verfolgung von Zielen eingesetzt werden kann. Bekannt ist vor allem das ökonomische Kapital, das aus physischen und finanziellen Ressourcen besteht. Daneben gewinnt in entwickelten Gesellschaften zunehmend das Humankapital an Bedeutung. In wissensbasierten Industrien werden somit persönlichen Fähigkeiten und Fertigkeiten, das Wissen und die Erfahrung als produktive Eigenschaften betrachtet und stellen eine strategische Ressource dar. Investiert wird hierbei insbesondere in die Aus-, Fort- und Weiterbildung von Fachkräften. Doch auch das Humankapital ist, ebenso wie ökonomisches Kapital, eine individuell besitzbare Ressource.

Soziales Kapital hingegen ist nicht wie die anderen Kapitalarten eine persönliche private Ressource, da es nicht unabhängig von anderen Personen erworben oder genutzt werden kann. Es ergibt sich aus der Beziehung zwischen Individuen und Gruppen sowie der Bereitschaft der Akteure, miteinander zu kooperieren: »Es benötigt eine Basis des Vertrauens (Soziales Vertrauen), auf der sich Kooperation und gegenseitige Unterstützung entwickeln können. Diese ist Folge der Norm der Reziprozität, also der Erwartung, für eine Leistung vom anderen wieder etwas zu erhalten. Vertrauen entsteht dadurch, dass diese Norm der Reziprozität eingehalten wird. In einem Klima des Vertrauens kann auch die Bereitschaft entstehen, anderen zu vertrauen, vor allem aber auch Fremden, ohne sofort eine Gegenseitigkeit voraussetzen zu müssen. Vertrauen ist auch nicht einfach ein Produkt von Sanktionsmöglichkeiten und der Angst vor Bestrafung.«[187]

Bezeichnet man die Beziehung als Kapital, hat dies zweierlei zur Folge. Zum einen erkennt man deren eigenständigen Wert als produktive Ressource: »Wie andere Kapitalformen ist soziales Kapital produktiv, denn es ermöglicht die Verwirklichung bestimmter Ziele, die ohne es nicht zu verwirklichen wären.«[188] So wird zum Beispiel die organisatorische Effektivität erhöht, da nicht mehr alles bis ins kleinste Detail festgehalten und geregelt werden muss.

Zum anderen bedeutet dies aber auch, dass man kontinuierlich in Beziehungen investieren muss, um von den Möglichkeiten zu profitieren. Eine solche Bereitschaft zum Investieren sei in der heutigen komplexen Welt längst keine Kür mehr, sondern ein Muss, schrieb der mehrfach preisgekrönte Journalist der *New York Times*, William J. Holstein, in seinem Buch *Manage the Media*. Holstein greift bewusst den zunehmenden Trend der Personalisierung auf: »In the horizontal and more democratic communications environment that has been created, CEOs have much greater symbolic value than ever before.«[189] Demnach müsse der CEO die Öffentlichkeit suchen, anstatt sie zu meiden: »The way not to lose control over how a company is perceived by multiple constituencies is to be actively engaged in shaping the messages that are projected to them.« Der Wert eines solchen Investments ins soziale Kapital – Holstein bevorzugt den Begriff »intangible equity« – zeige sich insbesondere in Zeiten der Krise: »Crisis cannot be entirely avoided, but smart organizations will see many of them coming and anticipate them. When a crisis truly erupts […], the CEO who has built up goodwill and a kind of intangible equity in the marketplace will be able to recover more quickly than one who has not invested the time and money.«[190] Wer ins soziale Kapital investiert, der investiert auch in seine Glaubwürdigkeit und Reputation, und deren Wert wird kaum noch angezweifelt.

Dass solche Investments sinnvoll sind, zeigt auch der Gegenbeweis: Denn fehlt es an sozialem Kapital und sind Geschäftsbeziehungen von mangelndem Vertrauensklima geprägt, werden wirtschaftliche Transaktionen und Investitionen unsicherer, und es werden weniger risikofreudig und zügig getätigt. Im betriebswirtschaftlichen Jargon spricht man in solchen Fällen von kalkulatorischen Wagniskosten. Fehlt Vertrauen, erscheint die Welt nicht nur komplexer. Der Aufwand erhöht sich, da Vertrauen als »riskante Vorleistung« wegfällt und somit durch Vorsondierungen auftretender Probleme, rechtliche Absicherungen, längere Vertragsverhandlungen, Aushandlungen von Garantieansprüchen et cetera kompensiert werden muss. Geringes soziales Kapital erhöht somit die Transaktionskosten und verringert potenziell die Produktivität.

Die Bedeutung der Stakeholderbeziehungen für die eigene Rollendefinition

Dass Vorstandsvorsitzende heute vor allen Dingen auch gute Kommunikatoren sein sollten, wird kaum noch bezweifelt. Noch zu häufig konzentriert man sich jedoch noch auf den Inhalt der Nachricht. Dieser ist zweifellos wichtig, um zum Beispiel anhand der Umdeutung oder des Storytellings zieldienliche Wirklichkeiten zu erschaffen. Steigt jedoch die Bedeutung der Kooperation, gewinnt der Beziehungsaspekt der Kommunikation gleichfalls an Bedeutung. Die Umsetzung der Strategie – ihrerseits der wichtigste Gradmesser für den Erfolg des CEOs – erfordert mehr denn je die Unterstützung der relevanten Stakeholder – sei es in Form aktiver Kooperation oder passiver Akzeptanz. Die aktive und bewusste Gestaltung der Beziehungen zu den relevanten Stakeholdern gewinnt somit an strategischer Bedeutung:

»*Such a context also affects (or, should affect) the mindset, the roles and responsibilities of leaders which simultaneously change, become more complex and multi-faceted, expand from an internal leadership perspective to a broader world view, from a shareholder mindset to a stakeholder orientation with respect to the leadership mandate. Yet, in an interdependent and turbulent world this cannot be achieved in isolation by the »great man« alone or the charismatic leader. In other words, ›we don't need another hero‹. Rather, winning the mandate to lead requires a relational leadership approach based on inclusion, collaboration and co-operation with different stakeholder groups. In a stakeholder society, leadership has to reach beyond traditional leader-follower concepts. Here, the leader becomes a co-ordinator and cultivator of relationships towards different stakeholder groups.*«[191]

Wird Führung also zur Beziehungsarbeit, dann wird Kommunikation nicht zuletzt über ihren Beziehungsaspekt zum strategischen Erfolgsfaktor der Führung. Wie wichtig hierbei das stimmige Rollenbild des CEOs ist, zeigt ein Blick auf den Kontext, in dem sich Führung heute definiert. Denn kommuniziert wird fast immer über die Rolle, ebenso wie die zahlreichen Rollenerwartungen der Stakeholder auf die Rolle des Vorstandsvorsitzenden projiziert werden. Wer sich seiner Rolle nicht bewusst ist, der wird auch Schwierigkeiten haben, solche Rollenerwartungen ernst zu nehmen, die der eigenen Prioritätensetzung und Weltsicht fremd sind. Vor diesem Hintergrund Kooperation oder Akzeptanz zu bewirken wird ungleich schwerer, da man entweder die Erwartungen nicht oder nur unvollständig erkennt oder weil die Kommunikation die Wirklichkeiten des Gegenübers verkennt und somit ineffektiv bleibt. Die alleinige Ausrichtung der eigenen Agenda an den Erwartungen der Anspruchsgruppen kann dabei freilich auch nicht funktionieren. Zu vielfältig, zu unterschiedlich und beizeiten zu unrealistisch sind sie – die Folge wäre fast zwangsläufig Überforderung.

Vielmehr gilt es, die durch die Strategie vorgegebenen Rollen abzugleichen mit den Erwartungen und die Kommunikation entsprechend auszurichten. Dort, wo man Interessengleichheit erkennt, gilt es, diese bewusst zu betonen. Und dort, wo sich die unterschiedlichen Interessenlagen oder Erwartungen nicht zum beiderseitigen Nutzen in Übereinstimmung bringen lassen, macht das Rollenmodell solche Abweichungen zumindest sichtbar.

Hat sich das ausschließlich rationale Menschenbild des *homo oeconomicus* mit der Krise überlebt, ist auch die Kenntnis solcher Interessendivergenzen von großem Wert.[192] Schließlich müssen wir heute nicht mehr davon ausgehen, dass abweichende Interessen immer auch gleich zu Ablehnung oder gar Konfrontation führen. Allein die Auseinandersetzung mit den Interessen und Erwartungen der betroffenen Stakeholder zeigt bereits Respekt und Wertschätzung. Wer dies erfährt und nicht von vornherein ignoriert oder dämonisiert wird, der wird nicht selten auch dann Akzeptanz aufbringen können, wenn die Pläne des CEOs nicht mit den eigenen Interessen korrelieren. Eine echte Opposition, insbesondere wenn diese ideologisch motiviert ist, wird auch dies nicht verhindern können. Doch nicht zuletzt das Beispiel EON hat gezeigt, dass Opposition und Konfrontation nicht selten das Ergebnis eines längeren Prozesses sind, an dessen Anfang Verständnis meist durch eine monologische, einseitig gerichtete Kommunikation erschwert wurde.

Darüber hinaus ermöglicht der CEO-Navigator jedoch noch mehr. Indem er das Bewusstsein für die eigene Rolle schärft und die jeweiligen Rollenerwartungen der Anspruchsgruppen hinterfragt, macht er auch die unterschiedlichen Lebenswelten der jeweiligen Gesprächs- und Dialogpartner sichtbar. Und wer deren Wirklichkeiten zu verstehen versucht, dem wird es auch nicht schwerfallen, durch Gesten und bewusstes Verhalten Nähe zu erzeugen.

Ein Beispiel: Stellen Sie sich vor, Sie müssten in Ihrem Unternehmen Kosten- und Strukturmaßnahmen ankündigen, die unter anderem den Abbau von Arbeitsplätzen vorsehen. Sie wissen, dass die Angst unter den Mitarbeitern groß ist, und rufen deshalb eine Betriebsversammlung ein. Da Sie erst kurz zuvor von einer Arbeitsreise zurückkehren, lassen Sie sich von Ihrem Fahrer in Ihrem neuen 7er BMW und unter den Augen der Mitarbeiter direkt vor den Versammlungsort fahren. Sie betreten eine hohe Bühne, die nach vorne hin weiträumig abgesperrt ist, aus Sicherheitsgründen, wie man Ihnen sagt. Die Rede, die Sie halten, ist gut. Und doch verfehlt sie ihre Wirkung. Aufgrund der Distanz fehlt die Nähe zu Ihren Adressaten. Ihre Position wirkt überhöht und einsam. Sie sprechen herunter auf eine Belegschaft, die sich bereits »ganz unten« wähnt. Und Sie fordern eine Solidarität und »gemeinsame Kraftanstrengung«, die Sie ihrer eigenen Belegschaft bereits durch die Symbolik Ihres Auftrittes verweigert haben.

Nun mag dieses Beispiel etwas überspitzt sein. Doch der Realität sind solche Szenarien keineswegs fremd. Erinnern Sie sich zum Beispiel noch an die drei CEOs der US-Autobauer Ford, GM und Chrysler, die es sich nicht nehmen ließen, als Bittsteller im Privatjet nach Washington zu fliegen?

Nicht immer ist es der eigenen Sache zieldienlich, Nähe zu signalisieren oder diese zu suchen. Wer jedoch den Dialog oder die Verständigung sucht, der wird feststellen, dass die Art und Weise, wie man sich seinem Gegenüber nähert, der Effektivität der eigenen Kommunikation Auftrieb geben kann. In vielerlei Hinsicht ist dies gar entscheidend, wie das Beispiel EON gezeigt hat.

In der Praxis wird noch immer dem Wort das größte Gewicht beigemessen, Gesten hingegen erscheinen lediglich wie Details. Nicht immer ist deren Symbolkraft offensichtlich oder wird bewusst wahrgenommen.

Und doch ist deren Wirkung kaum zu unterschätzen, wie auch das folgende Beispiel illustriert.

Als Ingenieur und promovierter Wirtschaftswissenschaftler galt der ehemalige Henkel-CEO Ulrich Lehner als kühler Analytiker. Er wusste mit Zahlen umzugehen, und er wusste sie auch überzeugend einzusetzen. Und doch schien er über deren Grenzen Bescheid zu wissen. Denn nicht nur für seine analytische Begabung war Lehner bekannt. Auch die empathischen Fähigkeiten und seine ausgeprägte Sozialkompetenz zeichneten ihn aus.

So war er immer darauf bedacht, die Distanz zu seinen Zuhörern zu verringern, die Nähe zu seinem Publikum war ihm wichtig. Das fiel auf, auch weil nicht wenigen Topmanagern nachgesagt wird, sie hätten ihre Bodenhaftung verloren. »Lässig steht er da, eine Hand in der Hosentasche, die andere hält einen roten Edding. Das Jackett hat Ulrich Lehner längst abgelegt, um seinen Zuhörern – fast alle in Jeans und Pulli – optisch möglichst nahe zu sein«, porträtierte ihn die *Financial Times Deutschland*.[193]

Die Rolle und die eigene Reflexionsfähigkeit

Als der ehemalige Deutschland-Chef der Unternehmensberatung McKinsey Herbert Henzler im Gespräch mit der Wochenzeitung *Die Zeit* im Juni 2012 das Ende der Alphatiere proklamierte, erinnerte er in einer Anekdote an Jürgen Schrempp, den wenig ruhmreichen Vorstandsvorsitzenden der damaligen DaimlerChrysler AG. Vor einer Gruppe von Topmanagern des Unternehmens, so die Geschichte, zitierte Henzler einst den US-Unternehmensberater Tom Peters. Letzterer habe sinngemäß gesagt, Manager seien in der Geschichte von Konzernen lediglich Fußnoten. Als Schrempp dies hörte, habe er auf den Tisch gehauen und gerufen: »Ich bleibe Headline!«[194]

Nur selten sind sich angehende Spitzenmanager und Vorstände, denen die Berufung auf den Vorstandsvorsitz bevorsteht, über die Folgen der drastisch gestiegenen Aufmerksamkeit für die eigene Selbstwahrnehmung und Reflexionsfähigkeit bewusst. Zu spärlich werden diese thematisiert oder sind Bestandteil einer wie auch immer gearteten Vorbereitung auf die neue Aufgabe. Und zu hartnäckig halten sich lang gehegte Mythen über den Spitzenjob, von denen die Vorstellung, man habe sich selbst im Griff und könne die Dinge schon richtig einschätzen, nur eine ist.

Tatsächlich jedoch ist die Gefahr einer abnehmenden adäquaten Selbstwahrnehmung und Selbsteinschätzung an der Spitze eines Unternehmens eine sehr reale: »Die Gefahr, abzuheben, gibt es in Ämtern wie diesen immer. Das ist der Fluch der vielen roten Teppiche. Es hatte schon seinen Grund, dass Könige sich mit Hofnarren umgaben«[195], erklärte zum Beispiel der langjährige Vorstands- und Aufsichtsratsvorsitzende von Siemens, Heinrich von Pierer, nachdem die Korruptionsaffäre um den Münchener Weltkonzern der Bilderbuchkarriere des Managers ein jähes Ende gesetzt hatte.[196] Es mag von außen betrachtet schwer vorstellbar sein, aber liegt der Fokus in großen Teilen erst einmal auf der Person des CEOs, gewinnen die eigene Bedeutung und somit auch die Inszenierung der eigenen Person überdurchschnittlich an Gewicht. Die Fähigkeit, das eigene Handeln zu reflektieren, fällt zunehmend schwer. Und nicht selten wird die Relevanz der eigenen Person für den Unternehmenserfolg maßlos überschätzt, während das Unternehmen mit all seinen Akteuren und Prozessen in den Hintergrund tritt. So schilderte der ehemalige CEO von Google, Eric Schmidt, in einem Interview mit dem *Wall Street Journal*, wie schwierig es ist, bei anhaltendem Erfolg immer zwischen der eigenen Person, dem Unternehmen sowie der Reichweite und Möglichkeiten der eigenen Entscheidungen zu unterscheiden: »It's very easy to confuse the company with yourself and let your ego go out of control.«[197]

Wie sich dies in der Realität beizeiten auswirken kann, zeigt das Beispiel des langjährigen Disney-CEOs Michael Eisner:

In seinem Bestseller *Disney Wars,* eine äußerst erfolgreiche Chronik über den Disney-Konzern unter der Leitung Eisners, verweist der Pulitzer-Preisträger James Stewart gleich mehrmals auf die Königsallüren des Ex-CEOs. Diesem, so Steward, sei nach rund 20 Jahren an der Spitze des Disney-Konzerns zum Ende seiner Regentschaft jegliches Feingespür abhanden gekommen: »In einem Interview erklärte Eisner, offenbar im vollen Ernst, die Namen Disney und Eisner gingen auf eine gemeinsame Wurzel zurück. Man müsse bei ›Eisner‹ nur das ›E‹ weglassen, den Namen französisch schreiben und aussprechen – ›D'Isner‹ – schon klinge er wie ›Disney‹.« Eisner bestand auch darauf, im »Disney Channel« allwöchentlich die Sendung »Wundervolle Welt« zu moderieren wie einst Walt Disney selbst. Dabei hatten ihn sogar seine Frau und Söhne gewarnt, dass er nicht einmal ein Minimum an TV-Präsenz mitbringt. Er sehe sich als »Wiedergänger des Firmengründers, als Thronerbe im Magic Kingdom«, schrieb das Magazin *Der Spiegel* in einem Porträt.[198]

Die Wirtschaftsgeschichte ist voll an Persönlichkeiten, die nicht zuletzt an der Leidenschaft für die eigene Inszenierung scheiterten.[199] Wie aber kann es sein, dass die Gefahr einer solch verzerrten Selbstwahrnehmung an der Spitze großer Unternehmen derart hoch ist? Und wie kann es gelingen, diesem »Fluch der roten Teppiche« wirksam entgegenzutreten?

Die Gründe, die für ein solches Verhalten angeführt werden, sind mannigfaltig. Zwei jedoch fallen besonders auf:

1. mangelndes oder schlechtes Feedback und
2. die Tendenz, der eigenen Presse Glauben zu schenken.

Die Relevanz einer guten Feedback-Kultur

So gerne dies auch immer wieder dementiert wird, nur sehr selten erhalten Vorstandsvorsitzende ungefilterte Informationen oder ungeschöntes Feedback. Zu groß ist noch immer der falsch verstandene Respekt vor

Amt und Position, zu menschlich ist die Furcht, man müsse als Überbringer schlechter Nachrichten mit negativen Konsequenzen rechnen. Dabei ist Feedback äußerst wichtig. Denn erst ein gutes Feedback ermöglicht das von Mintzberg propagierte »strategic learning«. Ist es in einer komplexen Welt nahezu unmöglich, alle Auswirkungen des eigenen Handelns vorherzusehen, bedarf es einer kontinuierlichen Überprüfung der eigenen Strategie. Ohne Feedback wäre dies undenkbar.

Doch auch für das Erlernen der Aufgabe des Vorstandsvorsitzes bedarf es der kontinuierlichen Hinterfragung und Reflexion des eigenen Handelns, die ohne das Feedback anderer kaum machbar wären. Ein kleiner, wenn auch sehr vereinfachter Vergleich soll dies illustrieren:

Stellen Sie sich vor, Sie hätten noch nie in Ihrem Leben einen Golfschläger in der Hand gehabt, wollen aber das Spiel erlernen. Nun finden Sie sich auf einem Golfplatz wieder und üben das Putten. Am Anfang mag es Ihnen noch schwerfallen, die Bälle zielsicher einzulochen. Nach einiger Zeit und Übung jedoch fällt es Ihnen sichtbar leichter. Sie haben ein Gefühl dafür entwickelt, wie Sie den Ball schlagen müssen, damit er sein Ziel am effektivsten findet. Nun stellen Sie sich die gleiche Situation noch einmal vor. Sie sind wieder Anfänger und wollen das Putten üben. Diesmal jedoch können Sie nicht erkennen, wohin der Ball geht. Unter diesen Umständen können Sie ewig üben, ohne wirklich besser zu werden. Da Sie Ihre Schläge nicht mit einem Ergebnis abgleichen können, können Sie auch nicht sehen, was Sie anders machen müssten, um das Ergebnis zu verbessern. Könnten Sie sich jedoch auf das Feedback anderer verlassen, die Ihren Ball verfolgen und das Ergebnis sehen können, wäre auch hier ein Lernfortschritt möglich.[200]

CEOs mögen sich dessen nicht immer bewusst sein, doch auch sie treffen Entscheidungen, deren Auswirkungen meist erst einige Zeit später und häufig auch nur in der Unternehmensperipherie erkennbar werden. Fehlt die direkte Rückmeldung, oder bleibt sie mangels guten und ehrlichen Feedbacks ganz aus, wird es vielen CEOs schwerfallen, aus vermeintlichen Fehlentscheidungen Lehren zu ziehen oder generell besser auf eine sich ständig wandelnde Welt reagieren zu können. »Strategic learning« bleibt unter solchen Umständen wirkungslos.

Doch wie kann es gelingen, eine solche Feedback-Kultur zu etablieren? Die Erfahrung zeigt sehr deutlich: Sich einzig darauf zu verlassen, dass die eigenen Mitarbeiter ungefragt und insbesondere in vermeintlich negativen Fällen Rückmeldung leisten, ist keine gute Idee. Auch kann es nicht funktionieren, Feedback anzuordnen. Effektiver ist es, eine solche Kultur vorzuleben, sie aktiv einzufordern, aber auch selber bereit zu sein, Feedback offen und ehrlich zu geben. Der Einfluss von Vorstandsvorsitzenden auf die Unternehmenskultur ist nicht zu unterschätzen. Doch nur, wer mit gutem Beispiel vorangeht, wird dieses Potenzial zu nutzen wissen.

Die Tendenz, der eigenen Presse Glauben zu schenken

Wenn von Pierer nun also sagt, es habe wohl seinen Grund gehabt, warum sich Könige immer mit Hofnarren umgeben hätten, dann kann man zunächst einmal nur erahnen, dass er mit dem Feedback auf sein Handeln – sei es interner oder externer Natur – im Nachhinein nicht sehr glücklich war. Vor dem soeben geschilderten Hintergrund indes ist es zumindest fragwürdig, die Schuld für das fehlende oder geschönte Feedback bei den engsten Mitarbeitern zu suchen. Denn fehlt eine aktiv vorgelebte Feedback-Kultur, verhält es sich nicht selten wie in der Erzählung *Des Kaisers neue Kleider*. Aus Furcht vor Repressionen oder auf den eigenen Vorteil bedacht, wird man Ihnen viel erzählen, Sie jedoch kaum kritisieren.

Warum jedoch wider besseren Wissens dennoch zahlreiche Vorstandsvorsitzende dem Fluch der roten Teppiche anheimfallen, ist keineswegs rätselhaft, sondern durchweg menschlich. Um diesen Punkt verständlicher darlegen zu können, lohnt sich ein Blick auf jene Entwicklung, die wir bereits in Kapitel 1 als die neue Medienwirklichkeit umschrieben haben. So zeichnet sich in der Darstellung und Bewertung von Unternehmen eine deutliche Tendenz zur Personalisierung ab. Die Logik, die diesem Trend zugrunde liegt, ist bestechend: Ist es heute insbesondere für Außenstehende kaum noch möglich, die Komplexität globaler Unternehmen zu verstehen, fokussiert sich die Aufmerksamkeit zunehmend auf den CEO als sicht- und greifbarstes Symbol des Unternehmens. Er ist es, der das Unternehmen verkörpert, und auf ihn werden die zahlreichen Erwartungen projiziert.

In der Wissenschaft sind die Beweggründe für ein solches, stark vereinfachendes Verhalten gut untersucht. So berichtete der Verhaltensforscher Lee Ross schon 1977 von dem sogenannten »fundamental attribution error« oder »fundamentalen Attributionsfehler«.[201] Vereinfacht und angewendet auf die Personalisierung umschreibt der Attributionsfehler folgendes Phänomen: Gelingt es dem Beobachter nicht, aufgrund der stetig zunehmenden Komplexität und Dynamik des Wirtschaftsgeschehen verlässliche Gesetzmäßigkeiten zu identifizieren, die es ihm erlaubt hätten, das Unternehmen berechenbar zu machen, konzentriert sich die Aufmerksamkeit zunehmend auf die Person an dessen Spitze. Der Grund: Der Charakter des Menschen – in diesem konkreten Fall des Vorstandsvorsitzenden – wird als beständiger und berechenbarer wahrgenommen als etwaige äußere Einflüsse und Faktoren. Demnach verspricht die Fokussierung auf diese Akteure eine Analyse von Gesetzmäßigkeiten oder Verhaltensmustern, die es dem Beobachter ermöglichen, das Unternehmen berechenbarer zu machen. Solche Faktoren hingegen, die als unstabil oder temporär wahrgenommen werden – wie zum Beispiel situative Faktoren, makroökonomische Zusammenhänge, Glück, et cetera –, werden weitgehend vernachlässigt.[202]

Die Vorteile einer solchen Fokussierung auf die Person des CEOs liegen somit, insbesondere aus medialer Sicht, auf der Hand:

1. Ereignisse und Entwicklungen auf Charaktereigenschaften des CEOs zurückzuführen ist einfacher und griffiger als der Verweis auf kaum greifbare Faktoren wie zum Beispiel Glück oder Zufall. Auch sehr komplexe Themen, die vom Beobachter eine Einarbeitung erfordern würden, die zum Beispiel im Journalismus aufgrund der wirtschaftlichen Situation zahlreicher Verlage kaum möglich sein dürfte, erübrigen sich durch den Verweis auf die Persönlichkeitsmerkmale des CEOs.

2. Unterliegen die Medien der sogenannten »doppelten Rationalität«, müssen diese auch immer die Bedürfnisse ihrer Konsumenten berücksichtigen.[203] Berichte und Geschichten, die den CEO in den Mittelpunkt stellen, sind beim Konsumenten beliebter als Beiträge, die sehr technisch wirken: »People embrace leadership as a simple, vivid explanation for organizational actions rather than engage in the distressing task of trying to come to grips with the multitude of variables that shape organizations.«[204]

Was zunächst so einfach klingt, birgt jedoch insbesondere für Vorstandsvorsitzende ein immenses Risiko. Denn auch sie sind Konsumenten jener stark vereinfachten Berichterstattung über die eigene Person und ihre Unternehmen. Und nicht selten beginnen Vorstandsvorsitzende, ihre eigene Presse zu glauben. Auch sie beginnen, ihren Einfluss auf das Unternehmen massiv zu überschätzen und situative Faktoren systematisch zu unterschätzen. In der Folge fällt es zunehmend schwer, nicht nur das eigene Handeln und die eigenen Möglichkeiten zu reflektieren. Auch zeigen Untersuchungen eindrucksvoll, wie sehr die Medienberichterstattung in der Konsequenz den zukünftigen Kurs des CEOs und somit des Unternehmens beeinflusst.[205] Wie sich dies konkret auf die Lebenswirklichkeit eines CEOs auswirken kann, brachte kaum jemand so gut auf den Punkt wie der ehemalige Vorstandsvorsitzende des Schweizer Pharmakonzerns Novartis, Daniel Vassella:

>*It is a pattern of celebration leading to belief, leading to distortion ... You are idealized by the outside world, and there is a natural tendency to believe that what is written is true. It isn't though – no CEO is as good (or as bad) as the media makes him or her out to be. Nevertheless many come to believe their own press. Then it becomes difficult if not impossible to change the course you and your company are on ... You must make the targets – must keep delivering record results at whatever cost to continue the celebration.*«[206]

Es zeigt sich also immer wieder: Wem in einer solchen Situation gutes und ehrliches Feedback fehlt, wer vielleicht eben in dem Verlangen, auch weiterhin bestmöglich porträtiert zu werden, zunehmend auf wohlgefälligere Meinungen setzt, der ist um einiges anfälliger für den von Pierer vorgestellten Fluch der roten Teppiche. Überheblichkeit und Selbstüberschätzung sind die häufige Folge. Und so mussten im Laufe ihrer Karrieren nicht wenige CEOs feststellen, dass das einst so wohlwollende und stark vereinfachte Pendel der Berichterstattung auch ebenso überspitzend in die entgegengesetzte Richtung ausschlagen kann, sobald das Unternehmen den öffentlichen Erwartungen nicht mehr gerecht wird. Entsprechend legte *das manager magazin* in einer offenherzigen Auseinandersetzung mit der eigenen Berichterstattung zum 40-jährigen Jubiläum dar, wie sehr die Storys über mehr oder minder gescheiterte Manager zum eigenen Markenzeichen geworden sind: »Und das, obwohl – oder gerade weil – dieses Etikett wegen seiner stigmatisierenden Wirkung von vielen Topmanagern befehdet wird.«[207]

Die Auseinandersetzung mit der Rolle als Chance

Beide – eine gute Feedback-Kultur und die Fähigkeit, das eigene Handeln kontinuierlich zu reflektieren – sind in ihrer Bedeutung in dem heutigen, von zunehmender Dynamik und Komplexität geprägten Umfeld kaum zu überschätzen. Sowohl aus betriebswirtschaftlichem als auch persönlichem Interesse heraus sollten sich CEOs ihre Neugier und Dialogbereitschaft bewahren, die neben der eigenen Sicht auf die Dinge immer auch Wert auf andere Sichtweisen legt. Wie wir bereits gesehen haben, können allein die Kenntnis solcher Positionen und die Bereitschaft, diesen mit Respekt oder im Dialog zu begegnen, Risiken minimieren und Handlungsspielräume erweitern.

Durch die Auseinandersetzung mit der eigenen Rolle schafft der CEO-Navigator nicht nur ein Bewusstsein für die Vielzahl von Rollenerwartungen und Sichtweisen, denen sich CEOs gegenübersehen. Er benennt diese auch beziehungsweise ermöglicht dies in der konkreten Fallbetrachtung. Für jene, die Widerstände aktiv moderieren und Akzeptanz schaffen wollen, ist die Kenntnis dieser Rollenerwartungen von großem Vorteil.

Für den persönlichen Umgang mit der Rolle ist jedoch insbesondere jener gedankliche Anker relevant, den wir in der Einleitung zu diesem Kapitel bereits erwähnten. Die gedankliche Einordnung Henzlers, dass CEOs lediglich Fußnoten ihrer Unternehmen seien, wird der Bedeutung und Relevanz von Vorstandsvorsitzenden sicherlich nicht gerecht. Doch auch der lautstark vorgetragene Anspruch Schrempps, Headline bleiben zu wollen, widerspricht dem Wesen der CEO-Rolle. Solange das Unternehmen nach dem Fortführungsprinzip wirtschaftet und sich die Corporate Governance nicht in entscheidendem Maße verändert, bleibt auch die CEO-Rolle bestehen, und dies unabhängig von dem, der sie bekleidet. Keine Frage: Von Vorstandsvorsitzenden wird verlangt, dass sie die Rolle mit Leben füllen und sich den in sie gesetzten Erwartungen stellen. In der Tat gelingt es gerade erfolgreichen CEOs immer wieder, durch das geschickte Setzen eigener Akzente die Handlungs- und Gestaltungsspielräume, die die Rolle bietet, besser zu nutzen als andere. Wer sich jedoch den Respekt vor der Funktion des Vorstandsvorsitzenden bewahrt und wem es gelingt, die eigene Rolle vor diesem Hintergrund zu reflektieren, der wird kaum Gefahr laufen, an einer verzerrten Selbstwahrnehmung oder -überschätzung zu scheitern. Wie wichtig dies sein kann, schilderte Josef Ackermann nach seinem Ausscheiden aus dem Amt des Vorstandsvorsitzenden der Deutschen Bank im Juli 2012. In einem Interview berichtete er von einem für ihn äußerst wertvollen Ratschlag, den der damalige Bundesbankchef dem angehenden CEO Ackermann mit auf dem Weg gegeben hätte: »From now on, you must remember that you are two people. You are the person whom you and your friends know, but you are also a symbol for something. Never confuse the two. Don't take criticism of the symbol as criticism of the person.«[208] Nun ist es weder machbar noch ratsam, eine solche strikte Trennung zwischen Rolle und Person zu leben. Dennoch kann das Bewusstsein für eine Rolle, die einen ebenso prägt und formt, wie man diese prägen und formen kann, die jedoch nur geliehen und zeitlich begrenzt ausgefüllt wird, der zweifelsfrei immer vorhandenen Gefahr von Selbstüberschätzung und Hybris entgegenwirken. Denn wer das Wesen der CEO-Rolle, die mit dieser verbundenen Inszenierung der eigenen Person und den eigenen Beitrag zum Erfolg der

Rolle beizeiten hinterfragt, der schafft eine Distanz, die Raum zum Reflektieren schafft.

Darüber hinaus kann der CEO-Navigator zur kontinuierlichen Abstimmung zwischen Selbst- und Fremdwahrnehmung beitragen. Dabei trägt insbesondere der Abgleich der eigenen Rolle vis-à-vis der Rollenerwartungen zu einem bescheideneren, dienenden Verständnis der eigenen Rolle und Funktion bei. Und er ruft auch all jenen, die beginnen, den Tücken der zunehmenden Personalisierung anheimzufallen, ins Gedächtnis, worin der Zweck der Rolle besteht: den Wohlstand des Unternehmens nachhaltig zu mehren und das Fortführungsprinzip zu sichern.

Wie wichtig ein solch bescheideneres Verständnis für die CEO-Rolle ist, umschrieb im Juli 2012 der Vorstandsvorsitzende des Konsumgüterriesen Unilever, Paul Polman. In einem Interview erklärte dieser, die größte Herausforderung eines Vorstandsvorsitzenden sei es, bescheiden zu bleiben. Die Schlussfolgerung fällt zumindest für Polman äußerst konsequent aus: »Wenn ein CEO anfängt zu erzählen, wie gut er ist und was er alles erreicht hat, ist es wahrscheinlich Zeit zu gehen.«[209]

Danksagung

Ein Buch zu schreiben ist ein wenig, wie auf Reisen zu gehen. Ist die Idee erst gereift, kann man kaum anders als loszulegen – immer getrieben von dem Verlangen, dieser Idee Kontur zu verleihen. Unterwegs begegnet man vielen Menschen. Manche Begegnungen sind kurz, manche länger, und beizeiten entschließt man sich, auch längere Wegstrecken gemeinsam zu reisen. Man tauscht Gedanken, Erzählungen und Anekdoten aus. Meilensteine werden gesetzt, Zwischenziele erreicht und neue Wegmarken gesetzt. Nicht immer läuft alles nach Plan, mal verläuft man sich, mal wird die Reise insgesamt infrage gestellt – nur um später festzustellen, dass auch solche Momente nicht umsonst waren. Und während die Idee in all den Monaten des Schreibens reift und gedeiht, stellt man eines Tages fest, dass die Reise kaum je ein Ziel haben kann.

In dieser Hinsicht hat auch dieses Buch nicht den Anspruch, fertig zu sein. Es ist ein Zwischenfazit, denn in der Tat geht die Reise weiter – und ich bin mir sicher, dass auch die Leser dieses Buches ihren Teil dazu beitragen werden, der hier dargestellten Idee weiter Kontur zu verleihen.

Bis hierhin jedoch möchte ich es mir nicht nehmen lassen, all denen zu danken, die mir mit Rat und Tat zur Seite standen, mir ihre Zeit und nicht selten auch ihr interessiertes Ohr geschenkt haben, die mich auch in vermeintlich anstrengenden Zeiten zur Weiterreise animiert oder mir überhaupt erst ermöglicht haben, mich auf die Reise zu begeben.

Zu allererst möchte ich meiner Frau, Ariane Hiesserich, danken, die mich rund um die Uhr begleitet und mich unermüdlich zum Weiterdenken ermutigt hat.

Darüber hinaus möchte ich meinen Kollegen bei Hering Schuppener danken. Die Unterstützung, die ich dort in all den Monaten erfahren habe, ist kaum in Worte zu fassen. Die jahrelange Erfahrung, die Freude an der Arbeit, der unbändige Wille, mir zur Hand zu gehen, Impulse zu liefern, aber auch die Rolle des *Advocatus Diaboli* zu übernehmen, haben mich immer wieder überrascht und beflügelt. Ganz besonders danken möchte ich in dieser Hinsicht Ralf Hering, Alexander Geiser und Tina Mentner, die mir nicht nur den Raum für die Bearbeitung des Themas ermöglicht, sondern mir in vielfacher Hinsicht auch den Weg gewiesen haben. Darüber hinaus gilt mein großer Dank Prof. Dr. Christopher Storck. Seine Begeisterung für das Thema war ansteckend. Und nicht zuletzt durch seine Erfahrung, seinen wissenschaftlichen Hintergrund und seinen rheinischen Humor verlieh er der Reise ungeahnte Höhepunkte. Darüber hinaus möchte ich Dr. Brigitte von Haacke, Georg Jakobs, Sebastian Krämer-Bach, Christoph Kreileder, Dirk von Manikowsky und Alexander Cordes für die wertvolle Zusammenarbeit danken.

Zu guter Letzt gilt mein besonderer Dank Selina Hartmann und allen weiteren Mitarbeitern des Campus-Teams. Die großartige Mithilfe, die Professionalität, die Begeisterung für das Thema sowie der Wille, beizeiten auch kritisch nachzufragen, all das hat mich nicht nur restlos überzeugt. Vielmehr hat es mich auch angespornt, dem hohen Niveau der Zusammenarbeit durch meine Beiträge ebenfalls gerecht zu werden.

Anmerkungen und Quellenverweise

1 »Albtraum der Alphatiere«, in: *manager magazin,* 1/2012, S. 101.
2 »Ein fast unmöglicher Job«, in: *Handelsblatt,* 04/05.11.2011, S. 68 f.
3 »Albtraum der Alphatiere«, in: *manager magazin,* 1/2012, S. 103.
4 »Stühlerücken in der Chefetage«, in: *Handelsblatt,* 24.05.2012, S. 22.
5 Alan Murray: »The End of Management«, in: *Wall Street Journal,* 21.08.2010 (online abgerufen am 30.01.2012: http://online.wsj.com/article/SB1000142405 2748704476104575439723695579664.html).
6 Gary Hamel: »Schafft die Manager ab!«, in: *Harvard Business Review,* 01/2012, S. 22.
7 Fredmund Malik: *Strategie. Navigieren in der Komplexität der Neuen Welt,* Campus, 2011, S. 13.
8 Orit Gadiesh zitiert in: Jeffrey Garten: *The Mind of the CEO,* Basic Books, 2002, S. 113.
9 Burkhard Schwenker: *Strategisch Denken – Mutiger Führen,* BrunoMedia, 2008, S. 135.
10 Frank Brettschneider, Matthias Vollbracht: »Personalization of Corporate Co-verage«, in: Sabrina Helm, Kerstin Liehr-Gobbers, Christopher Storck (Hrsg.): *Reputation Management,* Springer, 2011, S. 272.
11 Eigene Analyse: Untersucht wurden Titelseiten-Artikel im *Handelsblatt* zwischen Juni und Oktober 2012 zu Unternehmen und ihrem CEO-Bezug. Auch reine CEO-Artikel ohne Fokussierung auf ein Unternehmen allein wurden aufgenommen.
12 Marcus Weber: »Das Humane zum Vorschein bringen«, in: *message. Internationale Zeitschrift für Journalismus* (online abgerufen am 29.10.2011: http://www.message-online.com/64/weber.htm).
13 Melanie Freda: *Erfolgsfaktoren der CEO-Kommunikation,* GRIN Verlag, 2007, S. 32.
14 Hill & Knowlton: »Reputation and The War For Talent«, 2008 (online abgerufen am 31.01.2012: http://www2.hillandknowlton.com/crw/downloads.asp).
15 FTI Consulting: »Communicating Critical Events: CEO Transitions and Risk to Enterprise Value«, 10/2011, S. 6.
16 Daniel Yermack: »Scholars link success of firms to lives of CEOs«, in: *The Wall Street Journal,* 05.09.2007, S. A1.

17 »We find that CEOs who acquire extremely large properties exhibit inferior ex post stock performance, a result consistent with large mansions and estates being proxies for CEO entrenchment.« Zitat stammt aus: Crocker Liu, Daniel Yermack: »Where are the shareholders' mansions? CEOs' home purchases, stock sales, and subsequent company performance«, 17.10.2007.

18 »Scholars Link Success of Firms To Lives of CEOs«, in: *Wall Street Journal*, 05.09.2007 (online abgerufen am 30.01.2012: http://online.wsj.com/article/ SB118839767564312197.html).

19 Warren Buffet zitiert in: Thomas Steward: »Why Leadership Matters«, in: *Fortune*, 02.03.1998, S. 72.

20 Ram Charan, Geoffrey Colvin: »The Right Fit«, in: *Fortune*, 17.04.2000, S. 228.

21 Angela Göpfert: »Ron Sommer: Das personifizierte T-Saster«, ARD online, 16.07.2012 (online abgerufen am 19.07.2012: http://boerse.ard.de/content. jsp?key=dokument_623882).

22 Vgl. Melanie Freda: *Erfolgsfaktoren der CEO-Kommunikation*, GRIN Verlag, 2007, S. 16.

23 Stephen Case zitiert in: Jeffrey Garten: *The Mind of the CEO*, Basic Books, 2002, S. 38.

24 Booz&Co: *CEO Succession 2010. The Four Types of CEOs*, Issue 63, Summer 2011, S. 9.

25 Warren Bennis zitiert in: Mark Thomas, Gary Miles, Peter Fisk: *The Complete CEO. The Executive's Guide to Consistent Peak Performance*, Capstone, 2006, S. 2.

26 IBM: *Global CEO Study: Unternehmensführung in einer komplexen Welt*, 2010, S. 18.

27 Philip Plickert: »Zurück zur Wirtschaftsgeschichte«, in: *Frankfurter Allgemeine Zeitung*, 04.10.2011, S. 11.

28 Dani Rodrik: »Was der Zauberer vergessen hat«, in: *Financial Times Deutschland*, 16.10.2011 (online abgerufen am 20.08.2012: http://www.ftd.de/politik/ international/:top-oekonomen-dani-rodrik-was-der-zauberer-friedman-vergessen-hat/60115550.html).

29 Alfred Herrhausen: *Denken – Ordnen – Gestalten*, Siedler, 1990, S. 76.

30 Michael Porter, Jay Lorsch, Nitin Nohria: »Seven Surprises for New CEOs«, in: *Harvard Business Review*, 10/2004, S. 2.

31 Manfred Schneider zitiert in: »Der Schritt ist gewaltig«, in: *Capital* 2/2012, S. 65.

32 Leslie Gaines-Ross: *CEO Capital. A Guide to Building CEO Reputation and Company Success*, John Wiley & Sons, 2003, S. 69.

33 Wilhelm Backhausen: *Management 2. Ordnung*, Gabler, 2009.

34 Vgl. Christopher Storck: »Strategie braucht Kommunikation«, in: *Der Kommunikationsmanager*, Ausgabe 1, 2012, S. 74–78.

35 Fredmund Malik: *Strategie. Navigieren in der Komplexität der Neuen Welt,* Campus, 2011, S. 19.

36 Auch der Führungsexperte Reinhard K. Sprenger erkennt in der Ermöglichung der Zusammenarbeit die vorrangigste Führungsaufgabe. Er verweist jedoch darauf, dass die Identifikation von gemeinsamen Problemen eine stärkere Kraft entfalte als die bloße Definition von Zielen. Vgl. Reinhard K. Sprenger: *Radikal führen,* Campus, 2012, S. 55 ff.

37 Walter Schmidt: »Balance zwischen Beruf und Familie, Ko-evolution zu effizienter und familienbewusster Führung«, in: *Dissertationsschrift zur Erlangung des Doktorgrades der Philosophisch-Pädagogischen Fakultät der Katholischen Universität Eichstätt,* 2009, S. 118 (online abgerufen am 05.01.2012: http://www.opus-bayern.de/ku-eichstaett/volltexte/2009/69/pdf/Dissertation_Dr._Walter_Schmidt_KOMPLETT_16.11.09.pdf#page=124).

38 Dwight D. Eisenhower, zitiert in: Steve Chandler: *100 Ways to Motivate Yourself,* Maurice Bassett, 2004, S. 159.

39 Warren Bennis, Patricia Ward Biedermann: *Organizing Genius – The Secrets Of Creative Collaboration,* Perseus Books, 1997, S. 18.

40 John Kotter: »Leading Change. Why Transformation Efforts Fail«, in: *Harvard Business Review,* 3–4/1995, S. 63.

41 Christopher Storck: »Strategie braucht Kommunikation«, in: *Der Kommunikationsmanager,* Ausgabe 1, 2012, S. 74–78.

42 »It's bad execution. As simple as that: Not getting things done, [...] not delivering on commitments«, in: Ram Charan, Geoffrey Colvin: »Why CEOs fail«, *Fortune Magazine,* 21.06.1999, S. 70.

43 Gertrud Höhler: *Herzschlag der Sieger. Die EQ-Revolution,* Econ & List Taschenbuch, 1999, S. 199.

44 Egon Zehnder International: »Kommunikation aus Sicht von Vorstandsvorsitzenden: eine unterschätzte Herausforderung?«, 2011, S. 12.

45 Barbara Mandell, Shilpa Pherwani: »Relationship between Emotional Intelligence and Transformational Leadership Style: A Gender Comparison«, in: *Journal of Business and Psychology,* Vol. 17, Nr. 3, 3/2003, S. 390.

46 Vgl. Steven R. Covey: *Die effektive Führungspersönlichkeit,* Campus, 2009, S. 85.

47 Alfred Herrhausen: *Denken – Ordnen – Gestalten,* Siedler, 1990, S. 73.

48 Richard Wagoner in: Leslie Gaines-Ross: *CEO Capital. A Guide to Building CEO Reputation and Company Success,* John Wiley & Sons, 2003, S. 67.

49 Hans Thomas: »Wirklichkeit als Inszenierung«, in: Hans Thomas (Hrsg.): *Die Welt als Medieninszenierung. Wirklichkeit, Information, Simulation,* Busse Seewald, 1989, S. 20.

50 Alfred Herrhausen: *Denken – Ordnen – Gestalten,* Siedler, 1990, S. 74.

51 ebd., S. 75.

52 Alexander Dibelius in: »Goldman Sachs fordert kollektive Demut seiner Bran-

che«, in: Spiegel Online, 03.05.2009 (online abgerufen am 21.04.2012: http://www.spiegel.de/wirtschaft/0,1518,622504,00.html).

53 Burkhard Schwenker: *Strategisch Denken – Mutiger Führen*, BrunoMedia, 2008, S. 132.

54 Oliver Wyman: »CEO muss klarer Treiber von Veränderungen sein«, Presseinformation, 19.10.2011.

55 Edelman: »Edelman Trust Barometer 2012: Vertrauen in die Institutionen auf neuem Tiefststand – der Einzelne gewinnt als Informationsquelle an Bedeutung«, Presseinformation, 24.01.2012.

56 Alan G. Lafley: »What Only the CEO Can Do«, in: *Harvard Business Review*, 5/2009 (online abgerufen am 28.01.2012: http://hbr.org/2009/05/what-only-the-ceo-can-do/ar/1).

57 Leslie Gaines-Ross: *CEO Capital. A Guide to Building CEO Reputation and Company Success*, John Wiley & Sons, 2003, S. 68.

58 Gerald M. Levin zitiert in: Leslie Gaines-Ross: *CEO Capital. A Guide to Building CEO Reputation and Company Success*, John Wiley & Sons, 2003, S. 67.

59 Vgl. Thomas Maak, Nicole Pless: »Responsible Leadership in a Stakeholder Society: A Relational Perspective«, in: *Journal of Business Ethics*, Vol. 66, No. 1, S. 99–115, S. 105.

60 Der ehemalige Chefredakteur des *Handelsblatts*, Bernd Ziesemer, beklagt zum Beispiel öffentlich das »Verschwinden der öffentlichen Rede«. Seiner Ansicht nach verkümmere die Sprache der Vorstandsvorsitzenden, da sie sich zunehmend der Angst unterordne, juristisch unanfechtbar zu sein. Dies raube der Sprache jedoch ihre Originalität. Vgl. Bernd Ziesemer in: »Das Verschwinden der öffentlichen Rede«, in: *Handelsblatt*, 04.06.2012, S. 12.

61 Peter B. Zaboji: *Change! Gestalten Sie heute Ihr Unternehmen von morgen*, Moderne Industrie, 2002, S. 213.

62 Egon Zehnder International: »Kommunikation aus Sicht von Vorstandsvorsitzenden: eine unterschätzte Herausforderung?«, 2011, S. 4.

63 ebd., S. 12.

64 So erging es zum Beispiel dem ehemaligen Vorstandsvorsitzenden der damaligen Daimler-Benz AG, Jürgen Schrempp, der zu Anfang seiner Amtszeit kein kommunikatives Fettnäpfchen auszulassen schien. Erst legte er sich in Rom nach Genuss einer Flasche Rotwein mit italienischen Polizisten an, dann gab er einem Journalisten zu verstehen, dass er für Daimler wichtiger sei als Daimler für ihn, und zu guter Letzt äußerte er sich vor niederländischen Journalisten abfällig über den zum Konzern gehörenden Flugzeugbauer Fokker, der in den Niederlanden als nationale Industrie-Ikone galt. Vgl. das Interview mit Jürgen Schrempp »Ich möchte Mensch bleiben«, in: *Der Spiegel,*, 31/1995, S. 30–36.

65 »Ein fast unmöglicher Job«, in: *Handelsblatt*, 04/05.11.2011, S. 68 f.

66 Reinhard K. Sprenger: »Das anständige Unternehmen«, *manager magazin*, 11/2011, S. 70.

67 Richard Brown, in: Ram Charan: *Action Urgency Excellence*, Southwest Precision Printers, 2000, S. 7.

68 ABC News: »Big Three CEOs Flew Private Jets to Plead for Public Funds«, 19.11.2009 (online abgerufen am 08.01.2012: http://abcnews.go.com/Blotter/WallStreet/story?id=6285739&page=1#.Twln2TX4VYU).

69 Richard Brown, zitiert in: Ram Charan: *Action Urgency Excellence*, Southwest Precision Printers, 2000, S. 63.

70 Ram Charan: *Action Urgency Excellence*, Southwest Precision Printers, 2000, S. 70.

71 Warren Bennis, Joan Goldsmith: *Learning to Lead. A Workbook on Becoming a Leader*, Basic Books, 2010, S. 2.

72 Vgl. Markus Strauch: »Social Entrepreneurs und das Gestalten innerer ›Räume‹«, in: Gabriela Christmann, Karsten Balgar: *Social Entrepreneurship. Perspektiven für die Raumentwicklung*, Springer, 2010, insbesondere S. 111 f.

73 Warren Bennis, Joan Goldsmith: *Learning to Lead. A Workbook on Becoming a Leader*, Basic Books, 2010, S. 50.

74 Wir sind uns bewusst, dass ebenso wie in anderen sozialwissenschaftlichen Disziplinen auch der akademische Diskurs über die ›Rolle‹ von unterschiedlichen Vorstellungen darüber geprägt ist, was genau eine ›Rolle‹ eigentlich sein kann und inwiefern diese den Rollenträger definiert. Um unserem Ziel der größtmöglichen Praxisnähe gerecht werden zu können, verweisen wir hier jedoch nur auf Merton.

75 Er selber spricht in diesem Zusammenhang von sozialer Position oder ›statusoccupant‹ anstelle von Rolle und von Rolle anstelle von Rollenerwartung. Da wir uns der Rolle nur zur grundsätzlichen Illustration bedienen, verwenden wir der Einfachheit halber zwar andere Begriffspaare, ohne jedoch den Sinn seiner Aussagen zu verfälschen.

76 Robert K. Merton: »The Role-Set. Problems in Sociological Theory«, in: *The British Journal of Sociology*, Vol. 8, No. 2, June 1957, S. 117 f.

77 ebd., S. 112.

78 ebd., S. 117.

79 ebd., S. 116.

80 Kai-Uwe Ricke zitiert in: Barbara Nolte, Jan Heidtmann: *Die da oben. Innenansichten aus deutschen Chefetagen*, Suhrkamp, 2009, S. 17.

81 Die fünf Phasen lauten: 1) Response to mandate, 2) experimentation, 3) selection of an enduring theme, 4) convergence, 5) dysfunction. Vgl. Donald Hambrick, Gregory Fukutomi: »The Seasons of the CEO«, in: *The Academy of Management Review*, Vol. 16, No. 4, 10/1991, S. 719–742.

82 Donald Hambrick, Gregory Fukutomi: »The Seasons of the CEO«, in: *The Academy of Management Review*, Vol. 16, No. 4, 10/1991, S. 719–742, S. 721.

83 »At the outset of his or her tenure, a CEO is new to the job, but typically he or she is not new to the job of managing. He or she may have held a graduated series of vice presidencies and possibly served as CEO for a subsidiary or another smaller enterprise. In short, such an executive has an established paradigm and,

by virtue of being selected as CEO, is made to feel that that paradigm is potent and correct for the new job [...]. In fact, CEOs are made to believe that they are selected on the basis of appropriateness of their apparent paradigms [...] to the company's particular situation«, Donald Hambrick, Gregory Fukutomi: »The Seasons of the CEO«, in: *The Academy of Management Review*, Vol. 16, No. 4, 10/1991, S. 719–742, S. 724.

84 Vgl. John Gabarro: »The Dynamics of Taking Charge«, in: *Harvard Business Press*, 1987.

85 Donald Hambrick, Gregory Fukutomi: »The Seasons of the CEO«, in: *The Academy of Management Review*, Vol. 16, No. 4, 10/1991, S. 719–742, S. 724.

86 Choderlos de Laclos zitiert in: Alfred Herrhausen: *Denken – Ordnen – Gestalten*, Siedler, 1990, S. 74.

87 Warren Bennis, Joan Goldsmith: *Learning to Lead. A Workbook on Becoming a Leader*, Basic Books, 2010, S. 50.

88 Henry Mintzberg: »The Managers Job, Folklore and Fact«, in: *Harvard Business Review*, No. 53, 1975, S.42–49, S. 49.

89 Untersucht wurden stichwortartig die folgenden Publikationen: *Frankfurter Allgemeine Zeitung, Süddeutsche Zeitung, Die Welt, Handelsblatt, Financial Times Deutschland, manager magazin, Wirtschaftswoche, Capital*. Die Liste ist natürlich nicht abschließend. Weder hat sie den Anspruch, vollständig zu sein, noch können die einzelnen Rollenerwartungen sonderlich eingegrenzt werden. Insofern dient die Aufzählung dem Versuch einer idealisierten Darstellung, die lediglich die Anwendbarkeit des Navigators demonstrieren soll. In der Praxis jedoch erfordert jede CEO-Positionierung einer Einzelfallbetrachtung.

90 Alfred Herrhausen: *Denken – Ordnen – Gestalten*, Siedler, 1990, S. 73.

91 Bill Gates, zitiert in: Leslie Gaines-Ross: *CEO Capital. A Guide to Building CEO Reputation and Company Success*, John Wiley & Sons, 2003, S. 32.

92 Vgl. Markus Beckmann: »Corporate Social Responsibility und Corporate Citizenship. Eine empirische Bestandsaufnahme der aktuellen Diskussion über die gesellschaftliche Verantwortung von Unternehmen«, Wirtschaftsethik-Studie Nr. 2007–1 des Lehrstuhls für Wirtschaftsethik an der Martin-Luther-Universität Halle-Wittenberg, Hrsg. von Ingo Pies, 2007.

93 Kai-Uwe Ricke zitiert in: Barbara Nolte, Jan Heidtmann: *Die da oben. Innenansichten aus deutschen Chefetagen*, Suhrkamp, 2009, S. 15.

94 George Herbert Mead: *Mind, Self and Society*, University of Chicago Press, 1934, S. 254 f.

95 Rainer Bäcker: »Zwischen Authentizität und Fremdbestimmung«, 30.06.2012 (online abgerufen am 29.04.2012: http://www.ifp-online.de/uploads/tx_ifpveroeffentl/Zwischen_Authentizitaet_und_Fremdbestimmung_Rainer Baecker_30_06_2010.pdf).

96 ebd.

97 George Herbert Mead: *Geist, Identität und Gesellschaft*, Suhrkamp, 1973.

98 Rainer Bäcker: »Zwischen Authentizität und Fremdbestimmung«, 30.06.2012 (online abgerufen am 29.04.2012: http://www.ifp-online.de/uploads/tx_ifpveroeffentl/Zwischen_Authentizitaet_und_Fremdbestimmung_Rainer Baecker_30_06_2010.pdf).

99 Es mag uns an dieser Stelle vergeben sein, dass wir nicht alle diese Bücher gelesen haben. Vielmehr stützt sich diese Auflistung auf unsere intuitive Einschätzung jener recht umfangreichen Literatur, die für die vorliegende Untersuchung herangezogen wurde.

100 Im Folgenden werden wir »Leader« mit »Führungspersönlichkeit« übersetzen.

101 Es scheint uns keine adäquate Übersetzung für das Wort »Follower« zu geben. Keinesfalls erscheint es uns richtig, »Follower« mit den Worten »Untergebene«, »Mitläufer« oder »Anhänger« zu übersetzen. Insofern entscheiden wir uns für das Wort »Gefolgschaft«, da hier auch eine gewisse Freiwilligkeit und Gleichstellung unterstellt werden kann.

102 Elliott Jaques, Stephen D. Clement: *Executive Leadership. A Practical Guide to Managing Complexity*, Blackwell Publishing, 1994, S. 7.

103 »Von der bloßen Macht halte ich nicht viel«, in: *Der Spiegel*, Ausgabe 37/1965, S. 44.

104 Oliver Wyman: »Der CEO als Unternehmensretter?«, in: Oliver Wyman: *Perspectives*, 1/2010, S. 28.

105 ebd., S. 29.

106 ebd.

107 Karl-Friedrich Stracke: »Der zögerliche Ingenieur«, in: *Süddeutsche Zeitung*, 28.06.2012, S. 18.

108 »Der Fall Opel – Wie die Amerikaner eine deutsche Traditionsfirma ruinieren«, in: *Handelsblatt*, 8/9/10.06.2012, S. 62.

109 »Feodor von Wedel wird Chiemsee-Chef«, in: *Werben & Verkaufen*, 12.07.20120 (online abgerufen am 29.01.2012: http://wuv.de/nachrichten/unternehmen/feodor_von_wedel_wird_chiemsee_chef).

110 »Anzug gegen Badehose«, in: *Süddeutsche Zeitung*, 28/29.01.2012, S. 23.

111 Oliver Wyman: »CEO muss klarer Treiber von Veränderungen sein«, Presseinformation, 19.11.2011 (online abgerufen am 14.01.2012: http://www.oliver-wyman.com/de/pdf-files/PM_Delta_Organisatorischer_Wandel.pdf).

112 Walter Cipa, zitiert von Dr. Clemens Börsig in seiner Rede »Die Rolle des Aufsichtsrats im Verhältnis zum Vorstand«, Deutsche Corporate Governance Konferenz, Berlin, 22. Juni 2006, S. 10 (online abgerufen am 18.07.2012: https://www.deutsche-bank.de/presse/de/downloads/Dr._Boersig_Corp-Govern-Konf.pdf).

113 Zumindest die Medien führen eine zunehmende Zahl frühzeitiger Abgänge unter anderem auch auf wachsende Spannungen zwischen Aufsichtsrat und Vorstand zurück. Seien es die ehemaligen CEOs der Unternehmen Beiersdorf (Thomas Quaas), Bertelsmann (Hartmut Ostrowski) und Metro (Eckhard Cordes) oder der nach nur elf Monaten abgesetzte ehemalige CEO des US-Rie-

sen Hewlett-Packard, Léo Apotheker: Der mediale Reiz von unternehmens-
internen Intrigen und Ränkespielchen ist ungebrochen. Die faktischen Gründe
mögen woanders liegen, doch wo sich die Anzeichen impliziter Missverständnisse häufen, liegt die mediale Schlussfolgerung häufig nahe (vgl. »Ein fast
unmöglicher Job«, in: *Handelsblatt*, 04/05.11.2011).

114 Vgl. Rede von Dr. Clemens Börsig: »Die Rolle des Aufsichtsrats im Verhältnis
zum Vorstand«, Deutsche Corporate Governance Konferenz, Berlin, 22. Juni
2006, S. 11 (online abgerufen am 18.07.2012: https://www.deutsche-bank.de/
presse/de/downloads/Dr._Boersig_Corp-Govern-Konf.pdf).

115 Lutz von Rosenstiel: »Grundlagen der Führung«, in: Lutz von Rosenstiel,
Erika Regnet, Michel E. Domsch (Hrsg.): *Führung von Mitarbeitern*, Schäffer-Poeschel, 2003, S. 5.

116 Elliott Jaques, Stephen D. Clement: *Executive Leadership. A Practical Guide
to Managing Complexity*, Blackwell Publishing, 1994, S. 10.

117 ebd., S. 9.

118 ebd., S. 10.

119 »Stillgestanden? Von Wegen!«, in: *brand eins*, 05/2011, S. 85.

120 James O'Toole: *Leading Change*, Ballantine Books, 1996, S. 171.

121 Karsten Fischer, Sebastian Huhnholz: »Vertrauen und Sozialkapital. Kon-
turen einer politischen Debatte«, in: Herbert-Quandt-Stiftung: *Vertrauen.
Die Bedeutung von Vertrauensformen für das soziale Kapital unserer Gesellschaft*, 19/2010, S. 21. »Nun mag eine solche klare Trennung zwischen
Elementen vermeintlich ›harter‹ und ›weicher‹ Macht in der Realität kaum
anwendbar sein. In der Tat sind die Grenzen weitgehend fließend. Sinn-
voller ist daher auch für unseren Zweck eine Vorstellung von Macht, die
der US-amerikanische Politologe Joseph Nye als ›smart power‹ bezeichnete.
Zweifelsohne wird hier den Instrumenten weicher Macht, zum Beispiel in
Form kommunikativer Einflussnahme, ein enormes und stetig wachsendes
Gewicht zugeschrieben. Doch auch der Verweis auf die zahlreichen Regime
harter Macht, zum Beispiel in Form von organisatorischen Hierarchien, sei
nach wie vor wichtig, da diese einen ›Bezugsrahmen‹ schaffen würden, dessen Bedeutung für die Ausübung weicher Macht nicht zu unterschätzen sei.
Die Anwendung von ›smart power‹ sehe also eine Symbiose aus Elementen
harter und weicher Macht vor – auch wenn sich der Schwerpunkt klar in
Richtung kommunikativer Strategien bewege, die ihren Ausdruck nicht zuletzt auch in der ›verdienten Autorität‹ finden.« Quelle: Joseph Nye: *Macht
im 21. Jahrhundert. Politische Strategien für ein neues Jahrhundert*, Siedler
Verlag 2011.

122 Jack Welch, Janet Lowe: *Jack Welch Speaks. Wit and Wisdom from the
World's Greatest Business Leader*, John Wiley & Sons, 2007, S. 113.

123 ebd., S. 114.

124 ebd., S. 114.

125 ebd., S. 115.

126 *Forbes Magazin,* zitiert in: Warren G. Bennis, Daniel Goleman, James O'Toole: *Transparency. How leaders create a culture of candor,* John Wiley & Sons, 2008, S. 58.

127 Jack Welch, zitiert in: »A softer ›Neutron Jack‹ at GE«, in: *New York Times,* 04.03.1992 (online abgerufen am 16.01.2012: http://www.nytimes.com/1992/03/04/business/a-softer-neutron-jack-at-ge.html?src=pm).

128 ebd.

129 »Der langsame Amerikaner«, in: *Süddeutsche Zeitung,* 30.09.2011, S. 18.

130 ebd.

131 Michael Porter, Jay Lorsch, Nitin Nohria: »Seven Surprises for New CEOs«, in: *Harvard Business Review,* 10/2004, S. 1 f.

132 »Ulrich Lehner – unbekannter Herr Mächtig«, in: *Financial Times Deutschland,* 21.02.2008 (online abgerufen am 16.12.2011: http://www.ftd.de/karriere-management/who-is-who/:portraet-ulrich-lehner-unbekannter-herr-maechtig/321136.html?page=3).

133 Noel Tichy: »Personal Histories«, in: *Harvard Business Review,* 12/2001, S. 38.

134 Vgl. »Der Werber-Rat. Die neuen Helden«, in: *Handelsblatt,* 14.08.2012, S. 20.

135 Der genaue Ursprung der Bezeichnung ist unklar. So berichtet neben Warnotte zum Beispiel auch Robert Merton über das Phänomen der *déformation professionnelle.*

136 »Manager aus der Retorte«, in: *Handelsblatt,* 20.06.2012 (online abgerufen am 08.08.2012: http://www.handelsblatt.com/meinung/kommentare/kommentar-manager-aus-der-retorte/6774510.html).

137 »A pattern in a stream of decisions«, vgl. Henry Mintzberg: »Crafting Strategy«, in: *Harvard Business Review,* 7–8/1987, S. 70.

138 »This definition was developed to ›operationalize‹ the concept of strategy, namely to provide a tangible basis on which to conduct research into how it forms in organizations«, Henry Mintzberg, James A. Waters: »Of Strategies, Deliberate and Emergent«, in: *Strategic Management Journal,* Vol. 6, 1985, S. 257–272, S. 257.

139 Graf Helmuth von Moltke zitiert in: Thomas Hering: *Unternehmensbewertung,* Oldenbourg Wissenschaftsverlag, 2006, S. 232.

140 Burkhard Schwenker: *Europa führt! Plädoyer für ein erfolgreiches Managementmodell,* BrunoMedia, 2011, S. 83.

141 Fredmund Malik: *Strategie. Navigieren in der Komplexität der Neuen Welt,* Campus, 2011, S. 19.

142 Rita Gunther McGrath, Gökce Sargut: »Mit Komplexität leben lernen«, in: *Harvard Business Review,* 11/2011, S. 27.

143 ebd.

144 Henry Mintzberg, James A. Waters: »Of Strategies, Deliberate and Emergent«, in: *Strategic Management Journal,* Vol. 6, 1985, S. 257.

145 Quelle: http://reos-retro.com/?paged=3.

146 Henry Mintzberg, James A. Waters: »Of Strategies, Deliberate and Emergent«, in: *Strategic Management Journal*, Vol. 6, 1985, S. 271.

147 »We wish to emphasize that emergent strategy does not have to mean that management is out of control, only [...] that it is open, flexible and responsive, in other words, willing to learn.«

148 Dass die Erkenntnisse von Mintzberg und Waters auch heute noch ihre ungebrochene Gültigkeit besitzen, zeigen unter anderem die Untersuchungen von Chris Bradley, Lowell Bryan, Sven Smit: »The Age of the Strategist«, in: McKinsey Quarterly, 3/2012, S. 49 f.

149 Vgl. Charles Kiesler: *The Psychology of Commitment – Experiments Linking Behaviour to Belief*, Academic Press, 1971.

150 Solche Herangehensweisen habe eine lange Tradition: »This process of first »creating« a reality and then »forgetting« that it is our own creation and experiencing it as totally independent from ourselves was already known to Kant and Schoppenhauer«; vgl. Paul Watzlawick, John H. Weakland, Richard Fisch: *Change – Principles of Problem Formation and Problem Resolution*, W. W. Norton & Company, 1974, S. 96.

151 Wilhelm Backhausen: »Bedarf es eines Managements 2. Ordnung?«, Präsentation, gehalten während der 4. Coaching-Tagung der European Business School, 10. April 2008, Slide 13 (online abgerufen am 06.05.2012: http://www.ebs.edu/cms/fileadmin/coaching/Alumni_2008/Wilhelm_Backhausen.pdf).

152 Dirk Baecker: *Postheroisches Management – Ein Vademecum*, Merve, 1994, S.113.

153 Wir wollen hier dem Eindruck vorbeugen, dass die *déformation professionnelle* allein zur Erklärung der genannten Phänomene und Verhaltensweisen taugt. Es geht hier vielmehr darum, Letztere anhand der *déformation professionnelle* exemplarisch darstellen zu können.

154 Josef Ackermann, in: »Null Toleranz für Grauzonen«, in: *Die Zeit*, 24.05.2007 (online abgerufen am 09.08.2012: http://www.zeit.de/2007/22/Interview-Ackermann/seite-3).

155 Der ehemalige Dekan der Yale School of Management und Kolumnist des *Wall Street Journal*, Jeffrey Garten, hat diesbezüglich eine sehr eindeutige Meinung: »CEOs are nowhere near as much in control of their fate as they may appear by virtue of their position and the status accorded to them by society«, Jeffrey Garten: *The Mind of the CEO*, Basic Books, 2002, S. 37.

156 Alfred Herrhausen: *Denken – Ordnen – Gestalten*, Siedler, 1990, S. 73.

157 Vgl. Christopher Storck: »Strategie braucht Kommunikation. Führen mit messbaren Zielen, um Komplexität zu meistern«, in: *Kommunikationsmanager*, Nr. 1/2012, S. 74–78.

158 FTI Consulting: »Communicating Critical Events. CEO Transitions and Risk to Enterprise Value«, October 2011, S. 10.

159 ebd., S. 8.

160 Ram Charan, Geoffrey Colvin: »Why CEOs fail«, in: *Fortune Magazine*, 21.06.1999, S. 70.

161 Max DePree: *Leadership is an Art*, DoubleDay, 2004, S. 11.

162 James O'Toole: *Leading Change*, Ballantine Books, 1996, S. 133.

163 Thomas Maak, Nicola Pless: »Responsible Leadership in a stakeholder society: A relational perspective«, in: *Journal of Business Ethics*, Vol. 66, No. 1, S. 99–115.

164 Vgl. Hans-Georg Häusel: *Brain View. Warum Kunden kaufen*, Haufe Lexware, 2012, S. 53.

165 Vgl. Dieter Herbst: *Storytelling*, UVK Verlagsgesellschaft, 2011, S. 49.

166 In der Tat sind die genannten Erkenntnisse auch in der Psychologie Gegenstand einer andauernden Debatte.

167 Vgl. Kapitel 3

168 Ein und dieselbe Nachricht garantiert keinen Erfolg über unterschiedliche Branchen und Industrien hinweg. Vielmehr gilt es in der Kommunikation immer auch das Wettbewerbsumfeld, industriespezifische Dynamiken et cetera mit in die Analyse einzubeziehen.

169 Berkshire Hathaway Inc.: »1995 Annual Report« (online abgerufen am 15.12.2011: http://www.berkshirehathaway.com/1995ar/1995ar.html).

170 Don Cohen, Laurence Prusak: »In Good Company. How social capital makes organizations work«, in: *Harvard Business Press*, 2001, S. 112.

171 Howard Gardner: *Extraordinary Minds*, Basic Books, 1997, S. 108.

172 Catrin Bialek, Claudia Schumacher: »Mensch, Manager, Marke!«, in: *Handelsblatt*, 25.11.2011, S. 54f.

173 Mark Twain: *Die Abenteuer Tom Sawyers* (online abgerufen am 05.06.2012: http://www.gutenberg.org/files/30165/30165-h/30165-h.htm).

174 Paul Watzlawick, John Weakland, Richard Fisch: *Change – Principles of Problem Formation and Problem Resolution*, W. W. Norton & Company, 1974, S. 95.

175 Vgl. Annette Simmons: *The Story Factor. Inspiration, Influence, and Persuasion Through the Art of Storytelling*, Basic Books, 2006, S. 210.

176 Paul Watzlawick, Janet Beavin, Don Jackson: *Menschliche Kommunikation. Formen, Störungen, Paradoxien*, Verlag Hans Huber, 1990, S. 53.

177 Auch die Arbeiten Sigmund Freuds sind in der wissenschaftlichen Auseinandersetzung keineswegs unumstritten. Dennoch erachten wir den Vergleich an dieser Stelle als sinnvoll, um unsere Argumentation besser illustrieren zu können. Vgl. Tobias Engfer: *Das Eisbergmodell. Ein Diskurs über ein ständig revitalisiertes Kommunikationsmodell*, GRIN Verlag, 2011, S. 6.

178 Rainer von Gehlen: *Das blockierte Unternehmen: Kommunikationsstörungen produktiv nutzen. Wie manage ich andere und mich selbst*, Leutner, 2008, S. 58.

179 Stephen R. Covey: *Die effektive Führungspersönlichkeit. Prinzipienorientiert Managen*, Campus, 2009, S. 85.

180 Alfred Rappaport: *Shareholder Value. Ein Handbuch für Manager und Investoren*, 2. Auflage, Schäffer-Poeschel, 1999, S. 6.

181 Vgl. Michael Porter, Mark Kramer: »The Big Idea. Creating Shared Value«, in: *Harvard Business Review*, 1–2/2011, S. 2–17.

182 »Neues Energiestreikalter«, in: *manager magazin*, 11/2011, S. 11.

183 ebd.

184 Ronald Burt: »Structural Holes. The Social Structure of Competition«, in: *Harvard University Press*, 1992, S. 9.

185 Francis Fukuyama: »The Great Disruption. Human Nature and the Reconstitution of Social Order«, in: *The Free Press*, 2000, S. 16.

186 Robert Putnam: *Bowling Alone. The Collapse and Revival of American Community*, Simon and Schuster, 2000, S. 19.

187 Wikipedia-Eintrag zum Begriff »Soziales Kapitel« (online abgerufen am 06.09.2012: http://de.wikipedia.org/wiki/Soziales_Kapital).

188 James Coleman: *Grundlagen der Sozialtheorie*, Band 1: Handlungen und Handlungssystem, Oldenbourg, 1991, S. 392.

189 William J. Holstein: »Manage the Media«, in: *Harvard Business Press*, 2008, S. 94.

190 ebd., S. 97.

191 Thomas Maak, Nicola Pless: »Responsible Leadership in a Stakeholder Society. A Relational Perspective«, in: *Journal of Business Ethics*, Vol. 66, No. 1, S. 99–115.

192 Der Soziologe Ralf Dahrendorf nannte den homo oeconomicus einen »höchst problematischen Menschen«, dem wir »in der Wirklichkeit unserer Alltagserfahrung kaum je begegnen dürften«, zitiert in: »Homo oeconomicus – oder Homer Simpson?«, in: *Welt am Sonntag*, 16.10.2011.

193 »Ulrich Lehner – unbekannter Herr Mächtig«, in: *Financial Times Deutschland*, 21.02.2008 (online abgerufen am 16.12.2011: http://www.ftd.de/karriere-management/who-is-who/:portraet-ulrich-lehner-unbekannter-herr-maechtig/321136.html?page=3).

194 Vgl. »Die Super-Männchen«, in: *Zeit-Online*, 28.06.2012 (online abgerufen am 05.08.2012: http://www.zeit.de/2012/27/Manager).

195 »Albtraum der Alphatiere«, in: *manager magazin*, 1/2012, S. 101.

196 ebd.

197 Eric Schmid, zitiert in: Mathew Hayward, Violina Rindovaz, Timothy Pollock: »Believing one's own press. The causes and consequences of CEO celebrity«, in: *Strategic Management Journal*, 25/2004, S. 645.

198 »Der Chef, der ein König sein wollte«, in: *Spiegel Online*, 14.03.2005 (online abgerufen am 19.01.2012: http://www.spiegel.de/wirtschaft/0,1518,345907,00.html).

199 Vgl. auch: Jean-Marie Messier, den ehemaligen CEO des Medienkonzerns Vivendi Universal, der sich von den Medien auch gerne als »Mr. Universum« bezeichnen ließ und sein Unternehmen nicht zuletzt dank eines »pathologisch

übersteigerten Egos« an den Rand des Bankrotts trieb (»Palastrevolte gegen Messier«, in: *Frankfurter Allgemeine Zeitung*, 17.04.2002). Oder Carlos Ghosn, CEO der Autobauer Renault und Nissan, dessen »Absturz« als »Autogott« mitunter auch auf eine Attitüde zurückgeführt wurde, die derer »Napoleons auf dem Höhepunkt seiner Eroberungsfeldzüge« glich (»Absturz eines Autogottes«, in: *manager magazin*, 11/2011, S. 27).

200 Vgl. Richard Thaler, Cass Sunstein: *Nudge. Wie man kluge Entscheidungen anstößt*, Ullstein, 2011, S. 110.

201 Eliott Aronson, Timothy Wilson, Robert Akert: *Sozialpsychologie*, Pearson Studium, 6. Auflage, 2008, S. 108.

202 Edward Jones, Keith Davis: »From Acts to Dispositions. The Attribution Process in Person Perception«, in: *Advances in Experimental Social Psychology*, Vol. 2, Academic Press, 1965, S. 220–266.

203 Die »Doppelte Rationalität« umschreibt den Grundkonflikt der Medienindustrie: Zeitungen, Zeitschriften, Magazine und weitere Medienprodukte sprechen immer zwei Zielgruppen und Märkte an: den Leser sowie den Werbemarkt. Ein solches Wirtschaftsmodell ist keine Seltenheit und macht auch durchaus Sinn. So sind es im Medienmarkt insbesondere die Werbeeinnahmen, die Investitionen in die publizistische Qualität möglich machen. Eine solche Doppelstruktur hat jedoch zur Folge, dass Verlage und Medienunternehmen eben dieser ›doppelten Rationalität‹ unterliegen: »Aus betriebswirtschaftlicher Sicht wird die publizistische Leistung als Kostenfaktor angesehen, die erbrachten publizistischen Leistungen als ›Externalitäten‹. Aus publizistik- und kommunikationswissenschaftlicher Sicht sind diese Externalitäten jedoch für eine funktionsfähige demokratische Öffentlichkeit, freie Information und Meinungsbildung unverzichtbar«, Klaus Beck, Dennis Reineck, Christiane Schubert: »Journalistische Qualität in der Wirtschaftskrise«, Uvk 2010, S. 37 (online abgerufen am 17.12.2011: http://www.dfjv.de/fileadmin/user_upload/pdf/Studie_Journalistische_Qualitaet_03_2010.pdf).

204 Barry Staw, Robert Sutton: »Organizational Psychology«, in: John Murnighan (Hrsg.): *Social Psychology in Organizations, Advances in Theory and Research*, Prentice-Hall, 1992, S. 356.

205 Vgl. Mathew Hayward, Violina Rindova, Timothy Pollock: »Believing One's Own Press, The Causes and Consequences of CEO Celebrity«, in: *Strategic Management Journal*, 25/2004, S. 637–653.

206 »Temptation is all around us«, in: *Fortune Magazine*, 02.12.2002, S. 112.

207 »Tatort Chefetage«, in: *manager magazin*, 11/2011, S. 122–133.

208 Josef Ackermann, in: »Leading in the 21st century«, in: McKinsey Quarterly, 3/2012, S. 40.

209 »Verantwortung ist wichtiger als Vergütung«, in: *Harvard Business Review*, Juli 2012, S. 66.

Register